# 無人航空機操縦士試験案内

【注意】ここに記載された情報は、原則として本書編集時点のもので、変更されることがあります。試験に関しましては、**事前に必ずご自身で試験実施団体が発表する最新情報をご確認**ください。

## 無人航空機操縦者技能証明

　2022年12月より無人航空機操縦技能に関する国の制度である「無人航空機操縦者技能証明」が開始となりました。これは、無人航空機を飛行させるのに必要な技能（知識及び能力）を有することを証明す○○制度で、「一等無人航空機操縦士」と「二等無人航空機操○○○○○ります。

## 受験資格

・16歳以上であること
・航空法の規定により国土交通省から、試験の受験が停止されていないこと

## 無人航空機操縦士試験の流れ

　国土交通省が運営管理する「ドローン情報基盤システム2.0（DIPS2.0）」にて申請を受けて、指定試験機関（p.3参照）が実施する無人航空機操縦士試験（学科試験、実地試験、身体検査）により受験者の技能を判定し、無人航空機操縦者技能証明を行います。なお、国土交通省に登録のある「登録講習機関」の所定の講習を修了することで指定試験機関での実地試験が免除されます。

　具体的な流れについては、p.2にチャート図があります。

※登録講習機関は下記サイトより確認してください。
　https://www.mlit.go.jp/koku/license.html

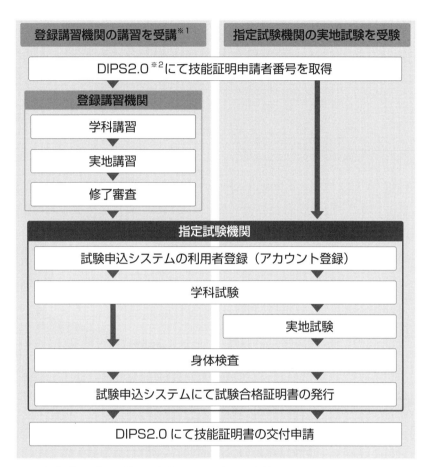

| 登録講習機関の講習を受講※1 | 指定試験機関の実地試験を受験 |
|---|---|

DIPS2.0※2にて技能証明申請者番号を取得

**登録講習機関**

学科講習

実地講習

修了審査

**指定試験機関**

試験申込システムの利用者登録（アカウント登録）

学科試験

実地試験

身体検査

試験申込システムにて試験合格証明書の発行

DIPS2.0 にて技能証明書の交付申請

※1 登録講習機関の講習を受講される場合の流れは一例です。試験申込システムでの利用者登録、学科試験
　　及び身体検査は登録講習機関での講習に通う前に実施することも可能です。
※2 DIPS2.0 とは、国土交通省が運営管理する「ドローン情報基盤システム 2.0」のことです。

出典　一般財団法人　日本海事協会

## 二等学科試験の内容と合格基準

○試験方式：CBT（Computer Based Testing）方式
CBTはコンピューター上で試験の出題および解答が行われます。解答選択肢はコンピューターの画面に表示され、マウスを使って解答を選択します。
以下のサイトで、操作説明動画およびCBT体験版で基本的な操作方法を事前に確認することができます。
https://www.prometric-jp.com/examinee/procedure/

○出題範囲：国土交通省が発行する「無人航空機の飛行の安全に関する教則」に準拠

○出 題 数：50問（三肢択一式）

○試験時間：30分

○合格基準：80%程度

○合格証明番号の有効期間：合格の正式な通知日（学科試験合格証明番号の発行日）から起算して2年間

※以下の、国土交通省「無人航空機操縦者技能証明書等」のサイトよりサンプル問題を確認することができます。
https://www.mlit.go.jp/koku/license.html

## 問い合わせ先

一般財団法人　日本海事協会
無人航空機操縦士試験機関ヘルプデスク
TEL：050-6861-9700
受付時間：9：00〜17：00（土日・祝日・年末年始を除く）
専用サイト：https://ua-remote-pilot-exam.com

## 二等実地試験（修了審査）

実地試験は、実技試験のほかに机上試験、口述試験があります。

○机上試験（飛行計画の作成）

○口述試験（飛行前点検、飛行後点検、飛行後の記録、事故・重大インシデントの報告）

○実技試験（スクエア飛行・8の字飛行・異常事態における飛行）


## 身体検査

　身体検査では、視力、色覚、聴力、運動能力等について、身体基準を満たしているか確認を行います。

　身体検査は、以下のいずれかの方法で受検できます。

　①有効な公的証明書の提出

　②-1 医療機関の診断書の提出（一等25kg未満限定及び二等）

　②-2 医療機関の診断書の提出（一等25kg以上）

　③指定試験機関の身体検査受検（一等25kg未満限定及び二等）

※二等実地試験、身体検査についての詳細は、指定試験機関（p.3参照）にお問い合わせください。

# 本書の特長と使い方

　本書は、無人航空機操縦士**二等学科試験**の受験者のための予想問題集です。国土交通省から出されている「無人航空機の飛行の安全に関する教則」(第3版)に沿って、予想問題を作成しています。

## 正答が早わかり！

正答・解説編の各回1ページ目に
正答一覧を掲載しました。

## 「正答・解説」は、取り外せる「別冊」の赤シート対応！

別冊「正答・解説」用にポイントを隠せる赤シートを付けました。
重要ポイントを確認しながら効率よく学習できます。
また、「正答・解説」は取り外せるので、
問題と照らし合わせながらじっくり学習を進めることができます。

## 便利な解答用紙がついています！

実際の試験はCBT方式で実施されますが、学習しやすいように、
別冊のp.103、104に解答用紙を準備しました。
コピーして繰り返しご利用ください。

本書の内容は、原則として2024年4月14日現在の法令等に基づいて編集しています。また、編集時点以降の法令改正情報、無人航空機の飛行の安全に関する教則の変更等は本書専用ブログ（本書最終ページにアドレスを記載）でフォローしています。

# CONTENTS

# 無人航空機操縦士　二等学科試験

# 第1回　予想問題

## 試験時間　30分

※実際の試験は CBT 方式で実施されますが、学習しやすいように
別冊の p.103、104 に解答用紙を準備しました。コピーして
お使いください。

## 問題1

無人航空機（ドローン）は「空の産業革命」ともいわれているが、その用途として誤っているものを1つ選びなさい。

a．農薬散布
b．測量
c．永久旋回

## 問題2

無人航空機操縦者の心得として、誤っているものを1つ選びなさい。

a．無人航空機の運航や安全管理などに対して責任を負うこと。
b．知識と能力に裏付けられた的確な判断を行うこと。
c．操縦者としての自覚を持ち、あらゆる状況下で、常に無人航空機の安全を守ることを第一に考えること。

## 問題3

事故を起こしたときに操縦者が負う法的責任として、誤っているものを1つ選びなさい。

a．死傷者が発生した場合、事故の内容により「業務上過失致死傷」などの刑事責任を負う場合がある。
b．操縦者は、被害者に対して民法に基づく「損害賠償責任」を負う場合がある。
c．航空法への違反や、無人航空機を飛行させるに当たり非行又は重大な過失があった場合には、技能証明の「取消し」や技能証明の「効力停止」（期間は5年以内）といった行政処分の対象となる。

## 問題4

服装に対する注意として、誤っているものを1つ選びなさい。

a．動きやすいもの。
b．素肌（頭部を含む）の露出の少ないもの。
c．無人航空機の飛行を行う関係者であることが容易にわからないような服装。

## 問題5

飛行中の注意として、誤っているものを1つ選びなさい。

a．飛行に際しては、操縦者自身の監視が最大の安全対策である。
b．補助者を配置する場合には、情報の共有の方法についても事前に確認し、状況把握における誤解や伝達の遅れなどがないよう配慮する。
c．飛行中は飛行のルールを守る。また、法令や条例に定められたルール以外にも、ある地域において限定的に行われている地域の特性に応じたルールや社会通念上のマナーについても遵守する。

## 問題6

航空法における無人航空機の定義として、正しいものを1つ選びなさい。

a．航空の用に供することができる飛行機、回転翼航空機、滑空機及び飛行船であって構造上人が乗ることができるもの
b．遠隔操作又は自動操縦（プログラムにより自動的に操縦を行うことをいう。）により飛行させることができるもの
c．重量が200グラム以上のもの

## 問題7

規制対象となる飛行の空域（特定飛行）として、誤っているものを1つ選びなさい。

a．消防、救助、警察業務その他の緊急用務を行うための航空機の飛行の安全を確保する必要がある空域
b．地表又は水面から200メートル以上の高さの空域
c．国勢調査の結果を受け設定されている人口集中地区の上空

## 問題8

特定飛行に際し、飛行の安全を確保するために担保するものとして、<u>誤っているもの</u>を1つ選びなさい。

a．使用する機体
b．操縦する者の年齢
c．運航管理の方法の適格性

## 問題9

無人航空機の操縦者に求められていることとして、<u>誤っているもの</u>を1つ選びなさい。

a．国が提供している「ドローン情報基盤システム（飛行計画通報機能）」などを通じて飛行情報を共有すること。
b．飛行前に航行中の航空機を確認した場合には飛行させないなどして航空機と無人航空機の接近を事前に回避すること。
c．飛行中に航行中の航空機を確認した場合には無人航空機を急旋回させることその他適当な方法を講じること。

## 問題10

航空機の操縦者による見張り義務や出発前の航空情報の確認に関する説明として、正しいものを1つ選びなさい。

a．航空機の飛行速度や無人航空機の大きさを考慮すると、航空機側から無人航空機の機体を視認し回避することは比較的容易である。
b．無人航空機の操縦者は、無人航空機の飛行経路上及びその周辺の空域を注意深く監視し、飛行中の航空機を確認した場合には、無人航空機を地上に降下させるなどの適切な措置を取らなければならない。
c．航空機の機長は、出発前に運航に必要な準備が整っていることを確認することとされ、その一環として、航空交通管制機関から提供される航空情報を確認することが義務付けられている。

## 問題 11

**模型航空機に対する規制として、正しいものを 1 つ選びなさい。**

a．航空交通管制圏、航空交通情報圏、航空交通管制区内の特別管制空域等における模型航空機の飛行は禁止されていない。
b．国土交通省が災害等の発生時に緊急用務空域を設定した場合には、当該空域における模型航空機の飛行が禁止される。
c．飛行禁止空域以外のうち、空港等の周辺、航空路内の空域（高度 200 メートル以上）、高度 300 メートル以上の空域において、模型航空機を飛行させる場合には、国土交通省への事前の届出が必要となる。

## 問題 12

**無人航空機の登録制度として、正しいものを 1 つ選びなさい。**

a．無人航空機による不適切な飛行事案への対応の必要性や無人航空機の利活用の増加に伴い、無人航空機の登録制度が創設された。
b．5 年の有効期間間毎に更新を受けなければ、登録の効力を失う。
c．原則として、機体への物理的な登録記号の表示に加え、識別情報を電波で遠隔発信するアラート ID 機能を機体に備えなければならない。

## 問題 13

**規制対象となる飛行の方法（特定飛行）の説明として、正しいものを 1 つ選びなさい。**

a．無人航空機の操縦者の「目視により常時監視」とは、飛行させる者が自分の目で見ることを指し、双眼鏡やモニター（FPV（First Person View）を含む。）による監視や補助者による監視は含まない。
b．無人航空機の操縦者は、当該無人航空機と地上又は水上の人又は物件との間に 50 メートル以上の距離（無人航空機と人又は物件との間の直線距離）を保って飛行させることが原則とされ、それ以外の飛行の方法は、航空法に基づく規制の対象となる。
c．「人又は物件」とは、原則として、第三者又は第三者の物件を指すが、無人航空機を飛行させる者及びその関係者並びにその物件が該当することもある。

## 問題 14

全ての空港に設定する制限表面の名称として、**誤っているもの**を1つ選びなさい。

a．進入表面
b．水平表面
c．辺長表面

## 問題 15

飛行の規制対象となる「**物件**」として、**正しいもの**を1つ選びなさい。

a．港湾のクレーン
b．道路標示
c．マンホール

## 問題 16

飛行の規制対象となる「**物件**」として、**誤っているもの**を1つ選びなさい。

a．電柱
b．電線
c．ガス管

## 問題 17

飛行が原則禁止されている「**多数の者の集合する催し**」として、**誤っているもの**を1つ選びなさい。

a．スポーツ大会
b．運動会
c．マンションの理事会

## 問題 18

輸送が原則禁止されている「危険物」として、誤っているものを1つ選びなさい。

a. 酸化性物質類
b. 毒物類
c. 鏡

## 問題 19

物件の投下の説明として、誤っているものを1つ選びなさい。

a. 無人航空機の操縦者は、当該無人航空機から物件を投下させることが原則禁止されている。
b. 物件の投下には、水や農薬等の液体や霧状のものの散布も含まれる。
c. 無人航空機を使って物件を設置する（置く）行為も、物件の投下に含まれる。

## 問題 20

立入管理措置に関する説明として、正しいものを1つ選びなさい。

a. 特定飛行に関しては、無人航空機の飛行経路下において第三者の立入りを管理する措置（立入管理措置）を講ずるか否かにより、カテゴリーⅠ飛行とカテゴリーⅡ飛行に区分され、必要となる手続き等が異なる。
b. 立入管理措置の内容は、第三者の立入りを制限する区画（立入管理区画）を設定し、当該区画の範囲を明示するために必要な標識の設置等である。
c. 必要な標識の設置等は、例えば、第三者の立入りを奨励する旨の看板、コーン等による表示、補助者による監視及び口頭警告などが該当する。

## 問題 21

飛行前の確認事項として、誤っているものを1つ選びなさい。

a. 自動制御系統の作動状況
b. 水源系統の作動状況
c. 飛行空域や周囲における航空機や他の無人航空機の飛行状況

## 問題 22

飛行前の確認事項として、正しいものを1つ選びなさい。

a．バッテリーの残量
b．ログキーの作動状況
c．ICチップの搭載状況

## 問題 23

重大インシデントの対象として、誤っているものを1つ選びなさい。

a．飛行中航空機との衝突又は接触のおそれがあったと認めた事態
b．重傷に至らない無人航空機による人の負傷
c．無人航空機の雲への突入

## 問題 24

航空法令に違反した場合の罰則として、正しいものを1つ選びなさい。

a．事故が発生した場合に、飛行を中止し負傷者を救護するなどの危険を防止するための措置を講じなかったときは、2年以下の懲役又は100万円以下の罰金が科される可能性がある。
b．登録を受けていない無人航空機を飛行させたときは、2年以下の懲役又は50万円以下の罰金が科される可能性がある。
c．アルコール又は薬物の影響下で無人航空機を飛行させたときは、1年以下の懲役又は10万円以下の罰金が科される可能性がある。

## 問題 25

技能証明を拒否又は保留に該当する者として、誤っているものを1つ選びなさい。

a．破産者で復権を得ていない者
b．アルコールや大麻、覚せい剤等の中毒者
c．航空法等に違反する行為をした者

## 問題 26

小型無人機等の飛行禁止の例外に該当する説明として、<u>誤っているもの</u>を1つ選びなさい。

a．対象施設の占有者又はその同意を得た者による飛行
b．土地の所有者等又はその同意を得た者が当該土地の上空において行う飛行
c．国又は地方公共団体の業務を実施するために行う飛行

## 問題 27

無人航空機の種類と特徴として、正しいものを1つ選びなさい。

a．回転翼航空機（マルチローター）及び回転翼航空機（ヘリコプター）は、垂直離着陸や空中でのホバリングが不可能という特徴がある。
b．飛行機は、垂直離着陸やホバリングが可能であり、回転翼航空機に比べ、飛行速度が速く、エネルギー効率が高いため、長距離・長時間の飛行が可能という特徴がある。
c．回転翼航空機のように垂直離着陸が可能で、巡行中は飛行機のように前進飛行が可能となる、両方の特徴を組み合わせたパワードリフト機（Powered-lift）もある。

## 問題 28

回転翼航空機（マルチローター）の特徴として、<u>誤っているもの</u>を1つ選びなさい。

a．回転翼航空機（マルチローター）は機体外周に配置されたローターを高速回転させ、上昇・降下や前後左右移動、ホバリングや機体を水平回転させることが出来る。
b．ローターの数によってそれぞれ呼称が異なる（ローターの数4：クワッドコプター、6：ヘキサコプター、8：オクトコプター）。
c．モーター性能を同一とした場合、ローターの数が少ないほど故障に対する耐性が向上し、ペイロード（積載可能重量）が増える。

## 問題 29

目視外飛行において、補助者が配置され周囲の安全を確認ができる場合に必要な装備として、誤っているものを1つ選びなさい。

a．自動操縦システム及び機体の外の様子が監視できる機体
b．搭載カメラや機体の高度、速度、位置、不具合状況等を空中で監視できる操縦装置
c．不具合発生時に対応する危機回避機能（フェールセーフ機能）。

## 問題 30

フライトコントロールシステムを構成するデバイスの説明として、正しいものを1つ選びなさい。

a．人工衛星の電波を受信し、機体の地球上での位置・高度を取得するデバイスをGNSSという。
b．4軸のジャイロセンサと4方向の加速度センサ等によって3次元の角速度と加速度を検出する装置をIMUという。
c．GPSなどの各種センサの情報と送信機の指令をもとに、機体の姿勢を制御するデバイスをレシーバーという。

## 問題 31

フライトコントロールシステムの基礎についての説明として、誤っているものを1つ選びなさい。

a．回転角速度を測定するデバイスを地磁気センサという。
b．操作の指令を機体へ送信する、又は機体情報を受信するデバイスを送信機という。
c．送信機の情報を受け取る受信機又は送受信機をレシーバーという。

## 問題 32

リチウムポリマーバッテリーの特徴として、<u>誤っているもの</u>を1つ選びなさい。

a．エネルギー密度が高い
b．電圧が高い
c．自己放電が多い

## 問題 33

電波の特性として、正しいものを1つ選びなさい。

a．電波は、進行方向に障害物が無い場合は直進する。
b．電波は、周波数が高い（波長が短い）ほど、より障害物を回り込むことができるようになる。
c．電波は、進行距離の2乗に比例する形で電力密度が減少する。

## 問題 34

GNSS の説明として、<u>誤っているもの</u>を1つ選びなさい。

a．GNSS は最低3個以上の人工衛星からの信号を同時に受信することでその位置を計算することができる。
b．機体に取り付けられた受信機により最低4基以上の人工衛星からの距離を同時に知ることによって、機体の位置を特定している。
c．安定飛行のためには、より多くの人工衛星から信号を受信することが望ましい。

## 問題 35

**GNSS を使用した飛行における注意事項として、正しいものを 1 つ選びなさい。**

a. 自動操縦のためにあらかじめ地図上で設定した Way Point は GNSS の測位精度の影響を受けない。
b. 測位精度が悪化した場合は実際の飛行経路の誤差が小さくなる。
c. GNSS の測位精度に影響を及ぼすものとしては、GNSS 衛星の時計の精度、捕捉している GNSS 衛星の数、障害物などによるマルチパス、受信環境のノイズなどが挙げられる。

## 問題 36

**安全運航のためのプロセスと点検項目として、正しいものを 1 つ選びなさい。**

a. 飛行後の点検では飛行の結果、無人航空機の各部品の摩耗等の状態を確認する。
b. 運航終了後の点検では無人航空機やバッテリーを安全に保管するための点検や、運航日誌の作成などを確認する。
c. 飛行中に異常事態が発生した際には、直ちに不時着させる。

## 問題 37

**飛行前の準備として行う無人航空機の確認項目として、誤っているものを 1 つ選びなさい。**

a. 無人航空機の登録及び有効期間
b. 無人航空機の機体認証及び有効期間並びに使用の条件
c. 待機状況

## 問題 38

**飛行前の点検項目として、正しいものを 1 つ選びなさい。**

a. 各機器は任意の位置に取り付けられているか否か
b. 操縦桿やモーターに異音はないか否か
c. 機体（プロペラ、フレーム等）に損傷やゆがみはないか否か

## 問題39

回転翼航空機（マルチローター）の離着陸時に関する説明として、<u>誤っているもの</u>を1つ選びなさい。

a．回転翼航空機（マルチローター）は、コントローラー等によるスロットル操作によって高速に回転する翼から発せられる揚力が重力を上回ることにより離陸する。

b．回転翼航空機（マルチローター）が飛行時に高い安定性を確保するために方位センサ、地磁気センサやGNSS受信機、気圧センサが用いられている。

c．降下の際は、垂直方向の移動を合わせて操作することで墜落防止対策となる。

## 問題40

飛行機の離着陸時に特に注意すべき事項として、正しいものを1つ選びなさい。

a．離着陸地点の滑走路は、水平で草木に覆われた場所を選定すること。

b．離着陸の方向は追い風を選ぶのが原則である。

c．風速を考慮し適切なパワーをかけてエレベーターによる上昇角度をとり離陸する。

## 問題41

手動操縦におけるヒューマンエラーの傾向として、<u>誤っているもの</u>を1つ選びなさい。

a．手動操縦は無人航空機を精細に制御できる反面、操縦経験の浅い操縦士が操作を行うと様々な要因で意図しない方向に飛行してしまう場合がある。

b．機体と操縦者との距離が近づくと、機体付近の障害物などとの距離差が掴みにくくなり接触しやすい状況となる。

c．リスク回避には、機体をあらゆる方向に向けても確実に意図した方向や高度に制御できる訓練や、指定された距離での着陸訓練などが有効となる。

**CRM の説明として、正しいものを 1 つ選びなさい。**

a．ヒューマンエラーに対処するためには、全ての利用可能な人的リソース、ハードウェア及び情報を活用した「CRM（Crew Resource Management）」というマネジメント手法が効果的である。
b．CRM を実現するために「CEM（Crisis and Error Management）」という手法が取り入れられている。
c．CRM を効果的に機能させるための能力は、状況認識、意思決定、ワークロード管理、チームの体制構築、コミュニケーションといったテクニカルスキルである。

問題 43

**飛行計画策定時の確認事項として、<u>誤っているもの</u>を 1 つ選びなさい。**

a．飛行計画では、無人航空機の飛行経路・飛行範囲を決定し、無人航空機を運航するにあたって、自治体など各関係者・権利者への周知や承諾が必要となる場合がある。
b．離着陸場は人の立ち入りや騒音、コンパスエラーの原因となる構造物がないかなどに留意する。
c．着陸予定地点に着陸できないときに、離陸地点まで戻るほどの飛行可能距離が確保できないなどのリスクがある場合、離陸地点から半径 20 メートル以内の地点に、緊急着陸地点を確保しておくべきである。

問題 44

**無人航空機の運航リスクの評価に関する説明として、正しいものを 1 つ選びなさい。**

a．無人航空機の飛行にあたって、リスク評価とその結果に基づくリスク軽減策の検討は安全確保上非常に重要である。
b．運航形態に応じ、事故等につながりかねない具体的な「ハザード」を可能な限り多く特定し、それによって生じる「リスク」を評価したうえで、前提となるハザードを許容可能な程度まで低減する。
c．リスクを低減するためには、①事象の発生確率を低減するか、②事象発生による被害を軽減するか、のいずれか一方を検討したうえで必要な対策をとる。

## 問題 45

風の説明として、誤っているものを1つ選びなさい。

a．天気記号に付いた矢の向きが風向を表す。
b．天気記号では、風が吹いてくる方向に矢が突き出しており、観測では16又は36方位を用いているが、予報では8方位で表す。
c．風力1～12までの12階級で表す。

## 問題 46

春と秋の天気および前線の説明として、正しいものを1つ選びなさい。

a．日本の天気を支配するのは冬のシベリア高気圧と夏の太平洋高気圧であり、春と秋は両高気圧の勢力が入れ替わるときである。
b．春と秋は前線が停滞し、広い範囲に悪い天気をもたらし、1週間くらい雨が降り続き、高い雲高や視程障害をもたらす。
c．温度や湿度の異なる気団（空気の塊）が出会った場合、二つの気団はすぐに混じり合う。

## 問題 47

風向と風速の説明として、誤っているものを1つ選びなさい。

a．風向は、風が吹いてくる方向で、例えば、北の風とは北から南に向かって吹く風をいう。
b．風向は360度を16等分し、北から時計回りに北→北北東→北東→東北東→東のように表す。
c．風は必ずしも一定の強さで吹いているわけではなく、単に風速と言えば、観測時の前20分間における平均風速のことをいう。

## 問題 48

気象に関する注意事項として、正しいものを1つ選びなさい。

a．無人航空機は、運用可能な動作環境が具体的に明示されている。
b．無人航空機は運用可能な範囲内であれば、低温時や高温時であっても、大きな影響をうけにくいことが予想される。
c．特に気温の高い場合は、バッテリーの持続時間（飛行可能時間）が普段より短くなる可能性があるため、注意が必要である。

## 問題 49

回転翼航空機（ヘリコプター）の運航の特徴として、誤っているものを1つ選びなさい。

a．前進させながら上昇させた方が必要パワーを削減できるため、垂直上昇は避けることが望ましい。
b．山間部又は斜面に沿って飛行させる場合、吹き下ろし風が強いと降下できない場合があり、注意が必要である。
c．垂直降下又は降下を伴う低速前進時は、ボルテックス・リング・ステートとなり、急激に高度が低下し回復できない危険性がある。

## 問題 50

補助者を配置する場合における目視外飛行の運航として、正しいものを1つ選びなさい。

a．飛行経路全体を把握し、安全が確認できる望遠鏡等を有する補助者の配置を推奨する。
b．目視外飛行においては、自動操縦システムを装備し、機体に設置したカメラ等により機体の外の様子が監視できる機能を装備した無人航空機を使用すること。
c．目視外飛行においては、地下において、無人航空機の位置及び異常の有無を把握できる機能を装備した無人航空機を使用すること。

# 無人航空機操縦士　二等学科試験

# 第2回　予想問題

## 試験時間　30分

※実際の試験は CBT 方式で実施されますが、学習しやすいように
別冊の p.103、104 に解答用紙を準備しました。コピーして
お使いください。

## 問題 1

無人航空機によって起こりうる被害として、<u>誤っているもの</u>を 1 つ選びなさい。

a．噴火の誘発
b．人への墜落事故
c．航空機との接近

## 問題 2

無人航空機操縦者の心得として、<u>誤っているもの</u>を 1 つ選びなさい。

a．無人航空機操縦者技能証明（以下単に「技能証明」という。）の保有者が複数いる場合は、誰が意図する飛行の操縦者なのか飛行前又は飛行後に明確にしておくこと。
b．補助者を配置する場合は、役割を必ず確認し、操縦者との連絡手段の確保など安全確認を行うことができる体制としておくこと。
c．無人航空機の事故は、飛行前の様々な準備不足が直接的又は間接的な原因となっていることが多いことから、事前の準備を怠らないこと。

## 問題 3

飛行計画の作成として、<u>正しいもの</u>を 1 つ選びなさい。

a．無人航空機の性能、操縦者や補助者の経験や能力などを考慮して無理のない計画を立てる。
b．近くを飛行するときや飛行経験のある場所を飛行する場合には、計画を立てなくても良い。
c．緊急着陸地点や安全にホバリング・旋回ができる場所の設定等、何かあった場合の対策を考えておく必要はない。

## 問題4

服装や体調管理に対する注意として、正しいものを1つ選びなさい。

a．操縦の妨げになるようなヘルメットや保護メガネは装着しないようにする。
b．体調が悪い場合は、注意力が散漫になり、判断力が低下するなど事故の原因となる。
c．操縦に当たっては、前日に睡眠が十分に取れていなくても問題ない。

## 問題5

飛行後の注意として、正しいものを1つ選びなさい。

a．飛行が終わった後には、機体に不具合がないか等を点検し、使用後の手入れをして次回の飛行に備える。
b．飛行の終了後には、機体やバッテリー等を安全な状態で、任意の場所に保管する。
c．特定飛行を行った場合には、飛行記録、日常点検記録、点検整備記録を飛行後3日以内に、飛行日誌（紙又は電子データ）に記載する。

## 問題6

航空法における無人航空機の定義として、<u>誤っているもの</u>を1つ選びなさい。

a．「構造上人が乗ることができないもの」とは、単に人が乗ることができる座席の有無を意味するものではなく、当該機器の概括的な大きさや潜在的な能力を含めた構造、性能等により判断される。
b．「航空機」とは、人が乗って航空の用に供することができる飛行機、回転翼航空機、滑空機及び飛行船を対象としているため、人が乗り組まないで操縦できる機器であっても、航空機を改造したものなど、航空機に近い構造、性能等を有している場合には、無人航空機ではなく、航空機に分類される。このように操縦者が乗り組まないで飛行することができる装置を有する航空機を「無操縦者航空機」という。
c．飛行機、回転翼航空機、滑空機及び飛行船のいずれにも該当しない気球やロケットなどは「特殊航空機」に該当する。

## 問題 7

規制対象となる飛行の方法（特定飛行）として、正しいものを 1 つ選びなさい。

a．夜間飛行（午後 9 時から午前 6 時まで）
b．操縦者の目視外での飛行（目視外飛行）
c．第三者又は第三者の物件との間の距離が 50 メートル未満での飛行

## 問題 8

機体認証及び無人航空機操縦者技能証明の説明として、正しいものを 1 つ選びなさい。

a．特定飛行においては、使用する機体及び操縦する者の技能について、国があらかじめ基準に適合していることを確認したことを証明する「機体認証」及び「技能証明」に関する制度が設けられている。
b．機体認証及び技能証明については、無人航空機の飛行形態のリスクに応じ、カテゴリーⅡ飛行に対応した第一種機体認証及び一等無人航空機操縦士、カテゴリーⅢ飛行に対応した第二種機体認証及び二等無人航空機操縦士と区分されている。
c．機体認証のための検査は、国又は国が登録した民間の検査機関（以下「登録検査機関」という。）が実施し、機体認証の有効期間は、第一種は 3 年、第二種は 5 年である。

## 問題 9

航空機の運航ルール等の説明として、正しいものを 1 つ選びなさい。

a．無人航空機は、航空機と同様、空中を飛行する機器であるが、航空機の航行の安全に重大な影響を及ぼすおそれはない。
b．航空機と無人航空機間で飛行の進路が交差し、又は接近する場合には、無人航空機の航行の安全を確保するためにも、航空機側が回避することが妥当であり、無人航空機は、航空機に対して進路権を有するとされている。
c．我が国においても無人航空機と航空機の接近事案や無人航空機により空港が閉鎖される事案などが発生しており、ひとたび航空機に事故が発生した場合には甚大な被害が生じるおそれがあることから、航空機と同じ空を飛行させる無人航空機の操縦者も航空機の運航ルールを十分に理解することが極めて重要である。

## 問題 10

航空機の空域の概要として、<u>誤っているもの</u>を 1 つ選びなさい。

a．無人航空機は、高度 150 メートル以上又は空港周辺の空域の飛行は原則禁止されているが、航空機の空域との分離を図ることにより、安全を確保することとしている。

b．無人航空機がこれらの禁止空域を飛行する場合には、当該空域を管轄する都道府県知事と調整し支障の有無を確認したうえで飛行の許可を受ける必要がある。

c．無人航空機の操縦者は、航空機の空域の特徴や注意点を十分に理解して慎重に飛行し、航空交通管制機関等の指示等を遵守する必要がある。

## 問題 11

無人航空機登録制度創設の目的として、<u>誤っているもの</u>を 1 つ選びなさい。

a．事故発生時などにおける無人航空機の所在把握

b．事故の原因究明など安全確保上必要な措置の実施

c．安全上問題のある機体の登録を拒否し安全を確保すること

## 問題 12

リモート ID 機能の搭載が免除される飛行として、<u>誤っているもの</u>を 1 つ選びなさい。

a．あらかじめ国に届け出た特定区域（リモート ID 特定区域）の上空で行う飛行であって、無人航空機の飛行を監視するための補助者の配置、区域の範囲の明示などの必要な措置を講じた上で行う飛行

b．十分な強度を有する紐など（長さが 20 m 以内のもの）により係留して行う飛行

c．警察庁、都道府県警察又は海上保安庁が警備その他の特に秘匿を必要とする業務のために行う飛行

## 問題 13

規制対象となる飛行の空域（特定飛行）の緊急用務空域の説明として、正しいものを1つ選びなさい。

a．国土交通省、防衛省、警察庁、都道府県警察又は地方公共団体の消防機関その他の関係機関の使用する航空機のうち捜索、救助その他の緊急用務を行う航空機の飛行の安全を確保するため、国土交通省が緊急用務を行う航空機が飛行する空域のことを「緊急用務空域」という。
b．緊急用務空域では、原則、無人航空機の飛行が禁止される（重量100グラム未満の模型航空機は飛行禁止の対象とならない）。
c．災害等の規模に応じ、緊急用務を行う航空機の飛行が想定される場合には、国土交通省がその都度「緊急用務空域」を指定し、国土交通省のホームページ・Facebook にて公示する。

## 問題 14

飛行の規制対象となる「物件」と、飛行が禁止されている上空の説明として、誤っているものを1つ選びなさい。

a．「物件」とは、(a) 中に人が存在することが想定される機器、(b) 建築物その他の相当の大きさを有する工作物等を指す。
b．土地は、「物件」に該当する。
c．無人航空機の操縦者は、多数の者の集合する催しが行われている場所の上空における飛行が原則禁止されている。

## 問題 15

飛行の規制対象となる「物件」として、誤っているものを1つ選びなさい。

a．ため池
b．住居
c．工場

## 問題 16

飛行の規制対象となる「物件」として、正しいものを1つ選びなさい。

a．テント張りの展示場
b．信号機
c．陸上トラック

## 問題 17

飛行が原則禁止されている「多数の者の集合する催し」として、正しいものを1つ選びなさい。

a．屋外で開催されるコンサート
b．忘年会
c．全校集会

## 問題 18

輸送が原則禁止されている「危険物」として、正しいものを1つ選びなさい。

a．放射性物質
b．SD カード
c．蛍光灯

規制対象となる飛行の空域及び方法の例外として、正しいものを1つ選びなさい。

a．国や地方公共団体又はこれらから依頼を受けた者が、事故、災害等に際し、捜索、救助等の緊急性のある目的のために無人航空機を飛行させる場合には、特例として飛行の空域及び方法の規制が適用されない。

b．災害時の対応の場合、国や地方公共団体にかかわらない独自の活動であっても、特例の対象となる。

c．地表又は水面から200メートル以上の高さの空域に関しては、航空機の空域と分離する観点から原則として飛行が禁止されている。

無人航空機の操縦者が遵守する必要がある運航ルールに関する説明として、誤っているものを1つ選びなさい。

a．「アルコール」とはアルコール飲料やアルコールを含む食べ物を指し、「薬物」とは麻薬や覚せい剤等の規制薬物に限らず、医薬品も含まれる。

b．体内に保有するアルコール濃度が0.15mg/ℓ以上の状態においてのみ、無人航空機の飛行を行ってはならないとされている。

c．無人航空機が飛行に支障がないことその他飛行に必要な準備が整っていることを確認した後において飛行させること。

飛行前の確認事項として、正しいものを1つ選びなさい。

a．飛行空域や周囲の地上又は水上の人（第三者の有無）又は物件（障害物等の有無）の状況

b．害虫の分布状況

c．水鳥の待機状況

## 問題 22

航空機又は他の無人航空機との衝突防止の説明として、誤っているものを1つ選び
なさい。

a．飛行前において、航行中の航空機を確認した場合には、航空機の経路を避けて
　飛行を行うこと。
b．飛行中の他の無人航空機を確認した場合には、飛行日時、飛行経路、飛行高度
　等について、他の無人航空機を飛行させる者と調整を行うこと。
c．飛行中において、航行中の航空機を確認した場合には、地上に降下させるなど、
　接近又は衝突を回避するための適切な措置を取ること。

## 問題 23

重大インシデントの対象として、正しいものを1つ選びなさい。

a．無人航空機の制御が不能となった事態
b．無人航空機の施錠失念
c．無人航空機の電波受信

## 問題 24

技能証明の交付手続きとして、正しいものを1つ選びなさい。

a．学科試験に合格する前であっても、実地試験を受けることができる。
b．技能証明試験に関して不正の行為が認められた場合には、当該不正行為と関係
　のある者について、その試験を停止し、又はその合格を無効にすることができる。
c．技能証明の更新を申請する者は、「登録更新講習機関」が実施する無人航空機
　更新講習を有効期間の更新の申請をする日以前1月以内に修了したうえで、有効
　期間が満了する日以前3月以内に国土交通大臣に対し技能証明の更新を申請しな
　ければならない。

## 問題 25

航空法令に違反した場合の罰則として、誤っているものを1つ選びなさい。

a. 登録記号の表示又はリモート ID の搭載をせずに飛行させたときは、100万円以下の罰金が科される可能性がある。

b. 飛行計画を通報せずに特定飛行を行ったときは、30万円以下の罰金が科される可能性がある。

c. 技能証明を携帯せずに特定飛行を行ったときは、10万円以下の罰金が科される可能性がある。

## 問題 26

小型無人機等飛行禁止法の規定違反に対する措置等として、正しいものを1つ選びなさい。

a. 警察官等は、小型無人機等飛行禁止法の規定に違反して小型無人機等の飛行を行う者に対し、機器の退去その他の必要な措置をとることを命ずることができる。

b. 警察官等は、小型無人機等飛行禁止法の規定に違反して小型無人機等の飛行を行う者に対し、無制限に、小型無人機等の飛行の妨害、破損その他の必要な措置をとることができる。

c. 対象施設の敷地・区域の上空（レッド・ゾーン）で小型無人機等の飛行を行った者及び警察官等の命令に違反した者は、3年以下の懲役又は100万円以下の罰金に処せられる。

## 問題 27

飛行機の特徴として、誤っているものを1つ選びなさい。

a. 飛行機は回転翼航空機と比べ高速飛行、長時間飛行、長距離飛行が可能であるが、一般に、安全に飛行できる最低速度が決められており、それ未満での低速飛行ができない。

b. 適切な機体設計によって無操縦・無制御でも飛行安定が達成でき、仮に故障などによって飛行中に推力を失っても滑空飛行状態になれば、すぐには墜落しない。

c. エレベーター（上下ピッチ方向）、エルロン（左右ロール方向）、スロットル（左右ヨー方向）、ラダー（推進パワー）の複合的な操縦で飛行する。

## 問題 28

回転翼航空機（マルチローター）の特徴として、正しいものを1つ選びなさい。

a．機体重量と揚力が釣り合い、対地高度が安定した状態を継続するとホバリングとなる。
b．機体の前後左右移動は、その指示した側のローターの回転数を上げ、反対側のローター回転数を下げることで機体が傾き、ローター推力の合力が、指示した方向に傾くので、傾いた方向に機体が移動する。
c．ローターの反トルクバランスを崩すと機体の垂直回転が始まる。

## 問題 29

目視外飛行において、補助者を配置しない場合に追加する必要のある装備として、正しいものを1つ選びなさい。

a．航空機からの視認性を高める紋様、字彫
b．操縦者に危害を加えないことを、製造事業者等が証明した機能
c．計画上の飛行経路と飛行中の機体の位置の差を把握できる操縦装置

## 問題 30

無人航空機の飛行に用いられる各種センサの原理及び使用環境の説明として、誤っているものを1つ選びなさい。

a．高度センサは、単位時間当たりの回転角度の変化を検出する装置であり、これにより、風などで機体が傾いたときに、無人航空機の傾きや向きの変化を検出し、フライトコントロールシステムに情報を伝える。
b．加速度センサは3次元の慣性運動（直行3軸方向の並進運動）を検出する装置であり、無人航空機の速度の変化量を検出するセンサである。
c．地磁気センサは、地球の磁力を検出して方位を測定する。

## 問題 31

**無人航空機で使われる電気・電子用語として、正しいものを1つ選びなさい。**

a．エネルギー容量の単位は Wh であり、電流や温度によってエネルギー容量は変化しない。
b．充電率の単位は％であり、満充電で放電できる電気量と現時点で放電できる電気量の比率を表す。
c．充電率の単位は％であり、0％ は仕様上の満充電状態を、100％ は完全放電状態を表す。

## 問題 32

**リチウムポリマーバッテリーの取り扱い上の注意点として、正しいものを1つ選びなさい。**

a．充電器は満充電になると充電を停止するため、過充電にはならない。
b．過放電を行うと、緩やかに劣化が進み、寿命が短くなる。
c．バッテリーが強い衝撃を受けた場合、発火する可能性がある。

## 問題 33

**マルチパスについて、誤っているものを1つ選びなさい。**

a．送信アンテナから放射された電波が山や建物などによる反射、屈折等により複数の経路を通って伝搬される現象をマルチパスという。
b．反射屈折した電波は、到達するまでにわずかな遅れを生じ、一時的に操縦不能になる要因の一つとなっている。
c．マルチパスによって電波が弱くなり一時的に操縦不能になった場合は、送信機をできるだけ低い位置に持ち、アンテナの向きを変えて操縦の復帰を試みる。

## 問題 34

GNSS を使用した飛行における注意事項として、正しいものを1つ選びなさい。

a．手動操作では自動操縦よりも高精度な GNSS 測位が必要である。
b．受信機は、周囲の地形や障害物の状況を考慮して設置する必要がある。
c．一般的に位置精度は、水平方向に比べ高度方向の誤差が小さくなる。

## 問題 35

リチウムポリマーバッテリーの保管方法の説明として、<u>誤っているもの</u>を1つ選びなさい。

a．満充電の状態での保管又は飛行後の放電状態での保管は、電池の劣化が進みやすく電池が膨らみ、使用不可になることが多いので行わないこと。
b．短絡すると発火する危険があるため、バッテリー端子が短絡しないように細心の注意を払うこと。
c．バッテリーを高温（25℃ 超）になる環境で保管しないこと。

## 問題 36

飛行前の準備として行う操縦者の確認項目として、正しいものを1つ選びなさい。

a．技能証明の等級・限定・条件及び有効期間
b．操縦者の危機回避能力
c．飛行時間

飛行前の点検項目として、**誤っているもの**を 1 つ選びなさい。

a ．燃料の搭載量又はバッテリーの充電量は十分か
b ．通信系統、推進系統、電源系統及び自動制御系統は正常に作動するか
c ．トータル ID 機能が正常に作動しているか

## 問題 38

ガソリンエンジンで駆動する機体や、ペイロードを搭載あるいは物件投下時における注意事項として、**誤っているもの**を 1 つ選びなさい。

a ．ガソリンは危険物に該当するため、乗用車等で運搬する場合には、消防法で定められた 20 リットル以下の専用の容器で運搬することが必要である。
b ．エンジン駆動の場合には機体の振動が大きいため、ネジ類の緩みなどを特に注意して点検する必要がある。
c ．ペイロード投下場所に補助者を配置しない場合、物件投下を行う際の高度は 1m 以内である必要がある。

## 問題 39

回転翼航空機（マルチローター）の離着陸時に特に注意すべき事項として、正しいものを 1 つ選びなさい。

a ．降下を継続し着陸を行う際には、対地高度に応じて降下速度を増加させる。
b ．緊急時には GNSS 受信装置による機体位置推定機能を使用しない機体操作が求められる。
c ．ホバリング中 GNSS 受信機能を無効にすると、機体周辺の気流の影響で水平位置が不安定となるため、エレベーター操作及びスロットル操作により水平位置を安定させホバリング飛行を維持させる。

## 問題 40

飛行機の着陸方法として、<u>誤っているもの</u>を1つ選びなさい。

a. 向かい風方向に滑走できるエリアを確保できたら着陸操縦に入る。
b. 地面に近づくにつれ、降下速度を速くし、滑空着陸による衝撃を抑えること。
c. 目測の誤りにより滑走路を逸脱することがあるので、厳重に注意が必要である。

## 問題 41

自動操縦から手動操縦に切り替えた場合に必要となる事項として、正しいものを1つ選びなさい。

a. 急な航行速度の上昇や加速に備えた操作準備
b. 障害物への接近を避けるための機体方向の確認
c. エレベーターでの機体の安定性や周囲の安全の確認

## 問題 42

安全な運航のための補助者の必要性、役割及び配置について、<u>誤っているもの</u>を1つ選びなさい。

a. 補助者は、離着陸場所や飛行経路周辺の地上や空域の安全確認を行うほか、飛行前の事前確認で明らかになった障害物等の対処について手順に従い作業を行う。
b. 操縦者とのコミュニケーションは、都度、即席の手段を用いて行い、危険予知の警告や緊急着陸地点への誘導、着陸後の機体回収や安全点検の補助も行う。
c. 無人航空機の飛行経路や範囲に応じ補助者の数や配置、各人の担当範囲や役割、異常運航時の対応方法も決めておく必要がある。

飛行計画策定時の確認事項として、正しいものを1つ選びなさい。

a．飛行経路の設定は高圧電線などの電力施設が近くにないか、緊急用務空域に当たらないか、ドクターヘリなどの航空機の往来がないかなどを考慮に入れる必要がある。
b．飛行計画の一部の工程においては安全管理が優先され、離陸前、離陸時、計画経路の飛行、着陸時、着陸後の状況に応じた安全対策を講じ、飛行の目的を果たす飛行計画の策定が求められる。
c．飛行計画策定時は、機体の物理的障害や飛行範囲特有の現象、制度面での規制、事後に予想しうる状況の変化などを想定した確認事項の作成が求められる。

無人航空機における気象の重要性に関する説明として、誤っているものを1つ選びなさい。

a．航空法では「当該無人航空機及びその周囲の状況をレーダーにより常時監視して飛行させること。」とされている。
b．安全な飛行を実施するためには、まず一般的な天気予報だけではなく、どのような気象情報や予報が提供されているかを理解する必要がある。
c．自らの作業内容、時間、環境に応じて、雲や視程障害、風向風速及び降水等、自ら行う飛行に影響する気象情報を適切に入手、分析して、離陸から着陸に至るまで支障のある気象状況にならないことを確認した後に飛行を開始しなければならない。

## 問題 45

**天気図の見方の説明として、正しいものを1つ選びなさい。**

a．気温は天気記号の左上の数字で、華氏の度数を表している。
b．大気の圧力を気圧といい、単位はヘクトパスカル（hPa）で標準大気圧（1気圧）
　　は、1013hPa である。
c．気圧の等しい点を結んだ線を等高線という。

## 問題 46

**前線の説明として、<u>誤っているもの</u>を1つ選びなさい。**

a．寒冷前線があると、発達した積乱雲により、突風や雷を伴い長時間にわたって
　　断続的に強い雨が降る。
b．寒冷前線が接近してくると、南から南東よりの風が通過後は、風向きが急変し、
　　西から北西よりの風に変わり、気温が下がる。
c．温暖前線があると層状の厚い雲が段々と広がり、近づくと気温、湿度は次第に
　　高くなり、時には雷雨を伴うときもあるが、弱い雨が絶え間なく降る。

## 問題 47

**風速の説明として、正しいものを1つ選びなさい。**

a．平均風速の最大値を最大風速、瞬間風速の最大値を最大瞬間風速という。
b．風は地面の摩擦を受けるため、一般的に上空では弱く、地表に近づくにつれて
　　強くなる。
c．一般に地表の粗度が大きいほど、高さによる風速の変化は小さくなる。

## 問題 48

気象に関する注意事項や飛行の実施の判断として、**誤っているもの**を1つ選びなさい。

a．地表面が暖められると下降気流が発生するため、広い面積の太陽光パネルやアスファルト・コンクリートの地面が多い市街地は注意が必要である。

b．広い運動場のような場所では、強い日射により上昇気流がおこりつむじ風が発生する可能性がある。

c．安全のため気象条件を考慮した判断をする場合、降雨時、降雪時、霧の発生時や雷鳴が聞こえる時は飛行の延期や中止が望ましい。

## 問題 49

回転翼航空機（ヘリコプター）の運航の特徴として、正しいものを1つ選びなさい。

a．後退させながら降下することは、ボルテックス・リング・ステートの予防に有効である。

b．オートローテーション機構を装備している機体であっても、動力が停止した場合には軟着陸が不可能である。

c．オートローテーションに入るためには必要な操作、飛行高度範囲及び速度範囲がある。

## 問題 50

フェールセーフ機能の例として、**誤っているもの**を1つ選びなさい。

a．電波断絶の場合に、離陸地点まで自動的に戻る機能又は電波が復帰するまでの間、空中で位置を継続的に維持する機能

b．GNSS の電波に異常が見られる場合に、その機能が復帰するまでの間、空中で位置を断続的に維持する機能、安全な手動着陸を可能とする機能又は GNSS 等以外により位置情報を取得できる機能

c．電池の電圧、容量又は温度等に異常が発生した場合に、発煙及び発火を防止する機能並びに離陸地点まで自動的に戻る機能又は安全な自動着陸を可能とする機能

# 無人航空機操縦士　二等学科試験

# 第３回　予想問題

## 試験時間　30分

※実際の試験は CBT 方式で実施されますが、学習しやすいように
別冊の p.103、104 に解答用紙を準備しました。コピーして
お使いください。

## 問題 1

無人航空機操縦者技能証明制度を構成する試験・検査として、誤っているものを 1 つ選びなさい。

a．学科試験
b．実地試験
c．肺活量検査

## 問題 2

無人航空機操縦者の心得として、正しいものを 1 つ選びなさい。

a．業務のために飛行する場合のみ、安全に飛行するためのルールに関する情報、リソース、ツールを入手すること。
b．安全のために、法令やルールを遵守すること。
c．航空機と無人航空機との間で飛行の進路が交差し、又は接近する場合には、航空機の航行の安全を確保するため、航空機側が回避する行動をとること。

## 問題 3

飛行計画の作成・現地調査の項目として、誤っているものを 1 つ選びなさい。

a．計画は、必ず、ドローン情報基盤システム（飛行計画通報機能）に事前に通報する。
b．現地調査の項目として、日出や日没の時刻等が挙げられる。
c．現地調査の項目として、標高（海抜高度）、障害物の位置、目標物等が挙げられる。

## 問題 4

特定飛行を行う際、携行（携帯）すべきものとして、誤っているものを 1 つ選びなさい。

a．許可書又は承認書の原本又は写し
b．位置情報レーダー
c．飛行日誌

## 問題5

飛行日誌の作成や事故時の対応として、誤っているものを1つ選びなさい。

a．特定飛行に該当しない飛行の場合には、飛行日誌に記載する必要はない。
b．リスクに対する対応が不十分と感じた場合は、今後の飛行に備えた記録も行うことが望ましい。
c．事故を起こした場合、慌てず落ち着いて、ケガの有無や、ケガの程度など、人の安全確認を第一に行う。

## 問題6

航空法における無人航空機の定義として、正しいものを1つ選びなさい。

a．紙飛行機など遠隔操作又は自動操縦により制御できないものは、無人航空機には該当しない。
b．無人航空機の判断基準の一つである「重量」とは、無人航空機本体の重量、バッテリーの重量、及び取り外し可能な付属品の重量の合計を指している。
c．100グラム未満のものは、無人航空機ではなく、「小型航空機」に分類される。

## 問題7

規制対象となる飛行の方法（特定飛行）として、誤っているものを1つ選びなさい。

a．祭礼、縁日、展示会など少人数の者の集合する催しが行われている場所の上空での飛行
b．爆発物など危険物の輸送
c．無人航空機からの物件の投下

無人航空機操縦者技能証明及びカテゴリーⅡ飛行の説明として、誤っているものを1つ選びなさい。

a．技能証明のための試験は、国が指定した民間の試験機関（以下「指定試験機関」という。）が実施し、技能証明の有効期間は、一等及び二等ともに5年である。
b．カテゴリーⅡB飛行に関しては、技能証明を受けた者が機体認証を受けた無人航空機を飛行させる場合には、特段の手続き等なく飛行可能である。
c．カテゴリーⅡB飛行の場合、国土交通省令で定める飛行の安全を確保するための措置（以下「安全確保措置」という。）として飛行マニュアルを作成し遵守しなければならない。

計器飛行方式の説明として、誤っているものを1つ選びなさい。

a．計器飛行方式（IFR）は、航空交通管制機関が与える指示等に常時従って行う飛行の方式である。
b．高速で高高度を移動する旅客機は、通常は計器飛行方式（IFR）で飛行する。
c．高速で高高度を移動する旅客機以外の航空機は、計器飛行方式（IFR）で飛行することはない。

航空機の管制区域として、正しいものを1つ選びなさい。

a．国は、航空交通の安全及び秩序を確保するため、航空交通管制業務を実施する区域（管制区域）を設定している。
b．航空交通管制区は、地表又は水面から150メートル以上の高さの空域のうち国が指定した空域であり、計器飛行方式により飛行する航空機は航空交通管制機関と常時連絡を取り、飛行の方法等についての指示に従って飛行を行わなければならない。
c．航空交通管制圏は、航空機の離着陸が頻繁に実施される空港等及びその周辺の空域であり、法令で定められた一部の航空機が航空交通管制機関と連絡を取り、飛行の方法や離着陸の順序等の指示に従って飛行を行わなければならない。

## 問題 11

**登録を受けることができない無人航空機として、誤っているものを 1 つ選びなさい。**

a．製造者が機体の安全性に懸念があるとして回収（リコール）しているような機体や、事故が多発していることが明らかである機体など、あらかじめ国土交通大臣が登録できないものと指定したもの

b．表面に不要な突起物があるなど、地上の人などに衝突した際に安全を著しく損なうおそれのある無人航空機

c．遠隔操作又は自動操縦による飛行の制御が容易である無人航空機

## 問題 12

**リモート ID 機能に関する説明として、正しいものを 1 つ選びなさい。**

a．無人航空機の登録制度の施行前（2022 年 6 月 19 日）までの事前登録期間中に登録手続きを行った無人航空機の場合、リモート ID 機能の搭載が免除される。

b．リモート ID 機能は、識別情報を電波で遠隔発信するためのものであり（内蔵型のみが認められている）、当該機器は技術規格書に準拠して開発・製造される。

c．リモート ID 機能により発信される情報には、静的情報として無人航空機の製造番号及び登録記号、動的情報として位置、速度、高度、時刻などの情報が含まれており（所有者や使用者の情報は含まれない）、1 秒に 2 回以上発信される。

## 問題 13

**規制対象となる飛行の空域（特定飛行）の説明として、誤っているものを 1 つ選びなさい。**

a．航空法に基づき原則として無人航空機の飛行が禁止されている「空港等の周辺の空域」の一つに、（進入表面等がない）飛行場周辺の、航空機の離陸及び着陸の安全を確保するために必要なものとして国土交通大臣が告示で定める空域が挙げられる。

b．無人航空機の操縦者は、飛行を開始する前に、当該空域が緊急用務空域に該当するか否かの別を確認することが義務付けられている。

c．空港等の周辺の空域、地表若しくは水面から 150 m 以上の高さの空域又は人口集中地区の上空の飛行許可があれば、緊急用務空域を飛行させることができる。

## 問題 14

飛行の規制対象となる「物件」として、<u>誤っているもの</u>を1つ選びなさい。

a．自動車
b．鉄道車両
c．自転車

## 問題 15

飛行の規制対象となる「物件」として、<u>誤っているもの</u>を1つ選びなさい。

a．倉庫
b．橋梁
c．防風林

## 問題 16

飛行の規制対象となる催し場所上空に関する説明として、正しいものを1つ選びなさい。

a．無人航空機の操縦者は、多数の者の集合する催しが行われている場所の上空における飛行が原則禁止されているが、ここでいう「多数の者の集合する催し」とは、特定の場所や日時に開催される多数の者が集まるものを指す。
b．「多数の者の集合する催し」の該当の有無については、催し場所上空において無人航空機が落下することにより地上等の人に危害を及ぼすことを防止するという趣旨に照らし、集合する者の人数や規模のみから判断される。
c．多数の者の集合する催しが行われている場所の上空における飛行に際しては、風速 10m/s 以上の場合は飛行を中止することや、機体が第三者及び物件に接触した場合の危害を軽減する構造を用意していることが必要である。

## 問題 17

飛行が原則禁止されている「多数の者の集合する催し」の説明として、誤っている
ものを 1 つ選びなさい。

a．デモ（示威行為）は、「多数の者の集合する催し」に該当する。
b．信号待ちにより生じる人混みは、「多数の者の集合する催し」に該当する。
c．混雑により生じる人混みは、「多数の者の集合する催し」に該当しない。

## 問題 18

輸送が原則禁止されている「危険物」の対象とならないものとして、誤っているも
のを 1 つ選びなさい。

a．無人航空機の飛行のために必要な燃料
b．業務用機器に用いられる電池
c．火薬類

## 問題 19

飛行の規制対象となる空域及び方法の例外として、誤っているものを 1 つ選びなさ
い。

a．煙突や鉄塔などの高層の構造物の周辺は、航空機の飛行が想定されないことか
　ら、高度 150 メートル以上の空域であっても、当該構造物から 30 メートル以内
　の空域については、無人航空機の飛行禁止空域から除外されている。
b．無人航空機の飛行禁止空域から除外されている空域においては、第三者又は第
　三者の物件から 30 メートル以内の飛行に該当する場合でも、当該飛行の方法に
　関する手続き等は不要となる。
c．十分な強度を有する紐等（30 メートル以下）で係留し、飛行可能な範囲内へ
　の第三者の立入管理等の措置を講じて無人航空機を飛行させる場合は、人口集中
　地区、夜間飛行、目視外飛行、第三者から 30 メートル以内の飛行及び物件投下
　に係る手続き等が不要である。

## 問題20

**飛行前の確認事項として、誤っているものを1つ選びなさい。**

a. 各機器の取付状況（ネジ等の脱落やゆるみ等）
b. 発動機・モーター等の異音の有無
c. 水の搭載量

## 問題21

**飛行前の確認事項として、誤っているものを1つ選びなさい。**

a. 臨時飛行空域の該当の有無
b. 緊急用務空域の該当の有無
c. 飛行自粛要請空域の該当の有無

## 問題22

**無人航空機の操縦者が遵守する必要がある運航ルールとして、正しいものを1つ選びなさい。**

a. 飛行中の他の無人航空機を確認した場合には、当該無人航空機との間に安全な間隔を確保して飛行させること。
b. 飛行上の必要がないのに低調音を発し、又は急上昇し、その他他人に迷惑を及ぼすような方法で飛行させないこと。
c. 登録を受けた無人航空機の使用者は、整備及び必要に応じて改造をし、当該無人航空機が安全上の問題から登録を受けることができない無人航空機とならないように維持しなければならない。なお、登録記号の機体への表示は維持しなくてもよい。

## 問題 23

**飛行計画の通報等の説明として、誤っているものを1つ選びなさい。**

a．無人航空機を飛行させる者は、特定飛行を行う場合には、事後に、所定の事項
  等を記載した飛行計画を国土交通大臣に通報しなければならない。
b．無人航空機を飛行させる者は、通報した飛行計画に従って特定飛行をしなけれ
  ばならない。
c．特定飛行に該当しない無人航空機の飛行を行う場合であっても、飛行計画を通
  報することが望ましい。

## 問題 24

**安全確保措置等の説明として、正しいものを1つ選びなさい。**

a．カテゴリーⅡ飛行のうち、カテゴリーⅡB飛行については、技能証明を受け
  た操縦者が機体認証を有する無人航空機を飛行させる場合には、事前の届出のみ
  で飛行可能である。
b．カテゴリーⅡB飛行において、技能証明を受けた操縦者が機体認証を有する
  無人航空機を飛行させる場合には、安全確保措置として所定の事項等を記載した
  飛行マニュアルを作成し遵守しなければならない。
c．カテゴリーⅡ飛行のうち、カテゴリーⅡA飛行については、技能証明を受けた
  操縦者が機体認証を有する無人航空機を飛行させる場合であっても、事後に「運
  航管理の方法」について国土交通大臣の審査を受け、飛行の許可・承認を受ける
  必要がある。

## 問題 25

小型無人機等飛行禁止法により飛行禁止の対象となる小型無人機等として、<u>誤っているもの</u>を1つ選びなさい。

a．小型無人機とは、飛行機、回転翼航空機、滑空機、飛行船その他の航空の用に供することができる機器であって構造上人が乗ることができないもののうち、遠隔操作又は自動操縦により飛行させることができるものと定義されている。

b．航空法の「無人航空機」と異なり、小型無人機等飛行禁止法の「小型無人機」は大きさや重さにかかわらず対象となり、300グラム未満のものも含まれる。

c．特定航空用機器は、航空機以外の航空の用に供することができる機器であって、当該機器を用いて人が飛行することができるものと定義されており、気球、ハンググライダー及びパラグライダー等が該当する。

## 問題 26

電波法に関する説明として、<u>誤っているもの</u>を1つ選びなさい。

a．無線設備を日本国内で使用する場合には、電波法令に基づき、国内の技術基準に合致した無線設備を使用し、原則、国土交通大臣の免許や登録を受け、無線局を開設する必要がある。

b．無人航空機には、ラジコン用の微弱無線局や小電力データ通信システム（無線LAN等）の一部が主として用いられている。

c．小電力の無線局は、無線局免許や無線従事者資格が不要だが、技術基準適合証明等（技術基準適合証明又は工事設計認証）を受けた適合表示無線設備でなければならない。

## 問題27

**飛行機の特徴として、正しいものを1つ選びなさい。**

a．滑空するため墜落、不時着する場合の落下地点を狭い範囲に抑えることができる。
b．推力により前進し空気を掴み揚力が生まれるので、回転翼航空機とは違いホバリングや後退、横移動はできない。
c．過度の高速飛行や過度の下降角度、過度の旋回半径大により翼面から空気が剥離する失速という状態に陥ることがある。

## 問題28

**回転翼航空機（マルチローター）の、機体の動きを示す用語の名称と意味の組合せとして、誤っているものを1つ選びなさい。**

a．スロットル：上昇・降下
b．ラダー：機首方向の旋回
c．エルロン：前後移動

## 問題29

**無人航空機の飛行原理として、誤っているものを1つ選びなさい。**

a．機体の前後・上下を含む面に空気流入の向きを投影したときに、前後軸とのなす角を迎角という。
b．機体の前後・上下を含む面と空気流入の向きの面のなす角を横滑り角という。
c．機体の機首を上げ下げする回転がピッチ、機体を左右に傾ける回転がヨー、機体を上から見たときの機首の左右の回転がロールである。

無人航空機で使われる電気・電子用語として、正しいものを1つ選びなさい。

a．電圧の単位はVであり、放電（飛行）中の電圧降下は、電気回路の配線抵抗とバッテリーの内部抵抗によって決まる。

b．出力の単位はWであり、出力が一定の場合、電池残量が少なくなると、放電時電圧が低下するため、電流は減少する。

c．容量の単位はAhであり、放電時の電流の大きさや温度が変化しても、利用可能な容量は一定である。

リチウムポリマーバッテリーの特徴として、誤っているものを1つ選びなさい。

a．メモリ効果が小さい。

b．電解質が不燃物である。

c．過放電や過充電の状態では、通常利用時よりも多くのガスがバッテリー内部に発生し、バッテリーを膨らませる原因となる。

複数のセルで構成されたリチウムポリマーバッテリーの取扱上の注意として、誤っているものを1つ選びなさい。

a．セル間の充電量のバランスを補正しながら充電することが重要である。

b．バランスが著しく崩れたまま充電を行うとセル間の電圧差が生じ、セルによって過放電となる現象が起こり、急速に劣化が進む。

c．セル間の充電量のバランスをとるバランスコネクタがついているタイプは、充電後にそのコネクタを充電器へ接続することが重要である。

## 問題 33

フレネルゾーンの説明として、正しいものを1つ選びなさい。

a．フレネルゾーンとは無線通信などで、電力損失をしつつ、電波が到達するために必要とする領域のことをいう。
b．フレネルゾーンは、送信と受信のアンテナ間の最短距離を中心とした楕円体の空間で、この空間は無限に広がるが、電波伝搬で重要なのは第2フレネルゾーンと呼ばれる部分である。
c．地面も障害物となるため、フレネルゾーンの半径を考慮してアンテナの高さを十分に確保する必要がある。

## 問題 34

無人航空機（エンジン機）における整備・点検として、正しいものを1つ選びなさい。

a．運航者は飛行前後においてのみ、整備点検を行う必要がある。
b．運航者は各機体メーカーが設定する整備内容を熟知し、必要なタイミングで修理等の整備を行う必要がある。
c．運航者のエンジンの整備に関する知識及び技能が不足している場合は、専門書に当たり、調べながら整備を進めていく。

## 問題 35

リチウムポリマーバッテリーの保管方法における主な留意点として、<u>誤っているもの</u>を1つ選びなさい。

a．バッテリーの劣化を遅らせるため、長期間使用しない時は充電50%を目安に保管すること。
b．機体コネクタとバッテリーを接続したままにしないこと。
c．水に濡らさないこと。

## 問題 36

飛行前の準備として行う飛行空域及びその周囲の状況の確認項目として、<u>誤っているもの</u>を1つ選びなさい。

a．補助者の有無、地上又は水上の状況
b．航空機や他の無人航空機の飛行状況、空域の状況
c．障害物や安全性に影響を及ぼす物件の有無

## 問題 37

飛行中の監視の点検項目として、正しいものを1つ選びなさい。

a．無人航空機の異常の有無は挙げられていない。
b．飛行空域の気象の変化が挙げられているが、飛行空域周囲の気象の変化は挙げられていない。
c．航空機及び他の無人航空機の有無が挙げられている。

## 問題 38

国土交通省への飛行申請について、<u>誤っているもの</u>を1つ選びなさい。

a．航空法においては、一定のリスクのある無人航空機の飛行については、そのリスクに応じた安全を確保するための措置を講ずることを求めている。
b．航空法においては、一定のリスクのある無人航空機の飛行については、国土交通大臣から許可又は承認を取得した上で行うことを求めている。
c．カテゴリーⅡ飛行については、当該申請に係る飛行開始予定日の 20 開庁日前までに、申請書を所定の提出先に提出する必要がある。

## 問題 39

回転翼航空機（ヘリコプター）の離着陸地点の選定として、誤っているものを1つ選びなさい。

a．水平な場所を選定すること。
b．滑りやすい場所を避けること。
c．砂又は乾燥した土の上を選ぶこと。

## 問題 40

手動操縦及び自動操縦の説明として、正しいものを1つ選びなさい。

a．飛行自体は自動で飛行し、機体に付属している撮影用カメラなどのみ人が操作するような複合的な操縦を行うことはできない。
b．空中写真測量などによる飛行では、測地エリアを指定するのみで自動的に飛行経路や撮影地点をプランニングする機能も備えられている。
c．手動操縦は送信機の無線通話機能により機体の移動を命令して行う。

## 問題 41

機体のフェールセーフ機能に関する説明として、誤っているものを1つ選びなさい。

a．送信電波や電源容量の現象などにより飛行が継続できない場合には、予め飛行制御アプリケーションのフェールセーフ機能により、自動帰還モードへ切り替わり、離陸地点へ飛行する。
b．フェールセーフ機能発動時、機体の動作をホバリング、その地点での着陸、自動帰還などの設定を行うことができる機体はない。
c．フェールセーフ機能発動中にバッテリー残量不足等の飛行が継続できない場合、又は予想される場合、機体は着陸動作に遷移し着陸を試みる。

## 問題 42

**安全に配慮した飛行に関する説明として、正しいものを1つ選びなさい。**

a．無人航空機の飛行にあたっては、様々な要素により、飛行中、操縦が困難になること、又は予期せぬ機体故障等が発生する場合があることから、運航者は運航上の「リスク」を管理することが安全確保上非常に重要である。

b．運航者は、「リスク」をなくす必要がある。

c．カテゴリーⅠ飛行およびカテゴリーⅡ飛行では、リスク管理の考え方を十分に理解する必要はない。

## 問題 43

**飛行計画等の説明として、誤っているものを1つ選びなさい。**

a．予定される飛行経路や日時において緊急用務空域の発令など、恒常的な飛行規制の対象空域の該当となっていないかなどを計画策定時に確認する必要がある。

b．無人航空機の運航中に万が一事故やインシデントが発生した場合を想定し、事前に緊急連絡先を定義しておく。

c．負傷者や第三者物件への物損が発生した場合は人命救助を最優先に行動し、消防署や警察に連絡する。

## 問題 44

**安全な飛行を行うために確認すべき気象の情報源として、正しいものを1つ選びなさい。**

a．方位磁針

b．気象レーダー

c．ことわざ

## 問題 45

**高気圧の説明として、誤っているものを 1 つ選びなさい。**

a．周囲よりも相対的に気圧が高いところを高圧部といい、その中で閉じた等圧線
　で囲まれたところを高気圧という。
b．北半球では時計回りに等圧線と約 40 度の角度で中心から外へ向かって風を吹
　き出している。
c．高気圧の中心部では下降気流が発生し、一般的に天気はよい。

## 問題 46

**前線の説明として、正しいものを 1 つ選びなさい。**

a．閉塞前線は、寒冷前線が温暖前線に追いついた前線であり、閉塞が進むと次第
　に低気圧の勢力が強くなる。
b．停滞前線は、気団同士の勢力が変わらないため、ほぼ同じ位置に留まっている
　前線であり、ゲリラ雷雨をもたらす梅雨前線や秋雨前線がこれにあたる。
c．梅雨前線とは、四季の変わり目に出現する長雨（菜種梅雨、梅雨、秋霖など）
　のうち、とくに顕著な長雨、大雨をもたらす停滞前線のことである。

## 問題 47

**突風や海陸風の説明として、誤っているものを 1 つ選びなさい。**

a．低気圧が接近すると、寒冷前線付近の上昇気流によって発達した積乱雲により、
　強い雨や雷とともに突風が発生することがある。
b．日本付近では、天気は西から東に変わるため、西から寒冷前線を伴う低気圧が
　接近するときは、突風が発生する時間帯を予測することができる。
c．海陸風は海と陸との気温差によって生じる局地的な風で、日本では、日差しの
　強い夏の内陸部で顕著に見られる。

## 問題 48

飛行機の運航の特徴として、正しいものを1つ選びなさい。

a．滑走により離着陸する飛行機は、回転翼航空機よりも広い離着陸エリアが必要
　である。
b．回転翼航空機と比べて、飛行中の最小旋回半径が小さくなることが特徴である。
c．飛行機の運航は、離陸、着陸共に、追い風を受ける方向から行う。

## 問題 49

回転翼航空機（マルチローター）および大型機（最大離陸重量 25kg 以上）の運航
の特徴として、誤っているものを1つ選びなさい。

a．回転翼航空機は複数のローターを機体周辺に備え、ローターを回転させること
　により揚力を得て垂直上昇し、フライトコントロールシステムにより安定した飛
　行を行うことができる。
b．大型機は、事故発生時の影響が大きいことから、操縦者の運航への習熟度及び
　安全運航意識が十分に高いことが要求される。
c．大型機は機体の慣性力が小さいことから、増速・減速・上昇・降下などに要す
　る時間と距離が長くなるため、障害物回避には特に注意が必要である。

## 問題 50

補助者を配置しない場合における目視外飛行の運航において、無人航空機に求めら
れる要件として、正しいものを1つ選びなさい。

a．航空機からの視認をできる限り容易にするため、灯火を装備する。加えて、飛
　行時に機体を認識しやすい塗色を行う。
b．地上において、機体や地上に設置されたカメラ等により飛行経路全体の航空機
　の状況が常に確認できる。
c．原則として、第三者に危害を加えないことを、操縦者等が証明した機能を有す
　る。

# 無人航空機操縦士　二等学科試験

# 第４回　予想問題

試験時間　30分

※実際の試験は CBT 方式で実施されますが、学習しやすいように
別冊の p.103、104 に解答用紙を準備しました。コピーして
お使いください。

## 問題 1

無人航空機操縦者技能証明制度を構成する試験・検査のうち、免除される可能性があるものとして、正しいものを1つ選びなさい。

a. 学科試験
b. 実地試験
c. 身体検査

## 問題 2

無人航空機操縦者の心得として、誤っているものを1つ選びなさい。

a. 飛行させる場所ごとのルールや遵守事項に従い、一般社会通念上のマナーを守るとともに、モラルのある飛行を行うこと。
b. 飛行に際しては、大気汚染の発生に注意をすること。
c. 自然を侮らず、謙虚な気持ちで、無理をしない。

## 問題 3

現地調査や機体の点検の説明として、正しいものを1つ選びなさい。

a. 現地調査の項目として、離着陸する場所の状況等は挙げられていない。
b. 現地調査の項目として、地上の歩行者や自動車の通行、有人航空機の飛行などの状況等が挙げられる。
c. 飛行前には必ず機体の点検を行い、気になるところがあれば、飛行後速やかに整備する。

## 問題4

**体調管理及び飛行中の注意として、誤っているものを1つ選びなさい。**

a．アルコール等の摂取に関する注意事項を守る。
b．飛行中に天候が悪化した場合でも、飛行途中でただちに帰還させる、又は緊急着陸するといった対応は望ましくない。
c．危険な状況になった場合に、適切に対応できるだけの能力を身に付けておくことは必要であるが、危険な状況になる前にそれを察知して回避することが操縦者としてより大切である。

## 問題5

**事故時の対応として、誤っているものを1つ選びなさい。**

a．機体が墜落した場合には、地上又は水上における交通への支障やバッテリーの発火等により周囲に危険を及ぼすことがないよう、機体が通電している場合は電源を切るなど速やかに措置を講ずる。
b．事故の原因究明、再発防止のために飛行ログ等の記録を残す。
c．無人航空機の飛行による人の死傷、第三者の物件の損傷、飛行時における機体の紛失又は航空機との衝突若しくは接近事案が発生した場合には、事故の内容に応じ、直ちに警察署、消防署、その他必要な機関等へ連絡するとともに、内閣総理大臣に報告する。

## 問題6

**無人航空機の登録に関する説明として、誤っているものを1つ選びなさい。**

a．全ての無人航空機（重量が100グラム未満のものは除く。）は、国の登録を受けたものでなければ、原則として航空の用に供することができない。
b．登録の有効期間は5年である。
c．無人航空機を識別するための登録記号を表示し、一部の例外を除きリモートID機能を備えなければならない。

## 問題7

**無人航空機の飛行形態の分類として、正しいものを1つ選びなさい。**

a．特定飛行に該当するが、特段の許可申請手続が不要な飛行を「カテゴリーⅠ飛行」という。

b．「カテゴリーⅠ飛行」の場合には、国土交通大臣に対して事前に届出を出せば、飛行が可能である。

c．特定飛行のうち、無人航空機の飛行経路下において無人航空機を飛行させる者及びこれを補助する者以外の者（以下「第三者」という。）の立入りを管理する措置（以下「立入管理措置」という。）を講じたうえで行うものを「カテゴリーⅡ飛行」という。

## 問題8

**カテゴリーⅡ飛行及びカテゴリーⅢ飛行の説明として、<u>誤っているもの</u>を1つ選びなさい。**

a．カテゴリーⅡA飛行に関しては、カテゴリーⅡB飛行に比べてリスクが高いことから、技能証明を受けた者が機体認証を受けた無人航空機を飛行させる場合であっても、あらかじめ運航管理の方法について国土交通大臣の審査を受け、飛行の許可・承認を受けることにより可能となる。

b．カテゴリーⅡA飛行及びカテゴリーⅡB飛行はともに、機体認証及び技能証明の両方又はいずれかを有していない場合であっても、あらかじめ ①使用する機体、②操縦する者の技能及び ③運航管理の方法について国土交通大臣の審査を受け、飛行の許可・承認を受けることによっても可能となる。

c．カテゴリーⅢ飛行に関しては、最もリスクの高い飛行となることから、二等無人航空機操縦士の技能証明を受けた者が第二種機体認証を受けた無人航空機を飛行させることが求められることに加え、あらかじめ運航管理の方法について国土交通大臣の審査を受け、飛行の許可・承認を受けることにより可能となる。

## 問題 9

**有視界飛行方式の説明として、正しいものを1つ選びなさい。**

a．有視界飛行方式（VFR）は、計器飛行方式（IFR）以外の飛行の方式とされ、航空機の補助者の判断に基づき飛行する方式である。
b．大型機や回転翼航空機は有視界飛行方式（VFR）で飛行することが多い。
c．空港及びその周辺においては、有視界飛行方式で飛行する航空機も航空交通管制機関が与える指示等に従う必要がある。

## 問題 10

**登録の手続き及び登録記号の表示について、正しいものを1つ選びなさい。**

a．無人航空機の登録の申請は、必ず書類提出により行い、手数料の納付等全ての手続き完了後、登録記号が発行される。
b．登録記号は、無人航空機の容易に取り外しができる外部から確認しやすい箇所に耐久性のある方法で鮮明に表示しなければならない。
c．登録記号の文字は機体の重量区分に応じた高さとし、表示する地色と鮮明に判別できる色で表示しなければならない。

## 問題 11

**飛行の規制対象となる空港等の周辺の空域として、<u>誤っているもの</u>を1つ選びなさい。**

a．進入表面の上空の空域
b．転移表面の上空の空域
c．垂直表面の上空の空域

第4回

## 問題 12

航空機の離着陸が頻繁に実施される新千歳空港・成田国際空港・東京国際空港・中部国際空港・関西国際空港・大阪国際空港・福岡空港・那覇空港において、飛行禁止空域として、誤っているものを 1 つ選びなさい。

a．進入表面の下の空域
b．転移表面の下の空域
c．物流倉庫の敷地の上空の空域

## 問題 13

規制対象となる飛行の空域（特定飛行）の説明として、正しいものを 1 つ選びなさい。

a．「高度 150 メートル以上の飛行禁止空域」とは、海抜高度 150 メートル以上の空域を指す。
b．山岳部などの起伏の激しい地形の上空で無人航空機を飛行させる場合には、意図せず 150 メートル以上の高度差になるおそれがあるので注意が必要である。
c．「人口集中地区（DID：Densely Inhabited District）」は、5 年毎に実施される国勢調査の結果から一定の基準により設定される地域であり、現在は令和 3 年の国勢調査の結果に基づく人口集中地区が適用されている。

## 問題 14

飛行の規制対象となる「物件」として、誤っているものを 1 つ選びなさい。

a．電動キックボード
b．軌道車両
c．船舶

## 問題 15

飛行の規制対象となる「物件」として、正しいものを 1 つ選びなさい。

a．境界標
b．かまくら
c．水門

## 問題 16

飛行が原則禁止されている「多数の者の集合する催し」として、誤っているものを 1 つ選びなさい。

a．祭礼
b．募金活動
c．縁日

## 問題 17

輸送が原則禁止されている「危険物」として、誤っているものを 1 つ選びなさい。

a．火薬類
b．高圧ガス
c．空き缶

## 問題 18

輸送が原則禁止されている「危険物」として、誤っているものを 1 つ選びなさい。

a．安全装置としてのパラシュートを開傘するために必要な火薬類
b．引火性液体
c．腐食性物質

第4回

## 問題 19

規制対象となる飛行の空域及び方法の例外や第三者の定義に関する説明として、正しいものを 1 つ選びなさい。

a．自動車、航空機等の移動する物件に紐等を固定して又は人が紐等を持って移動しながら無人航空機を飛行させる行為（えい航）は、係留に該当する。
b．「第三者」とは、無人航空機の飛行に、直接には関与していないが間接的に関与している者をいう。
c．無人航空機の飛行に直接関与している者とは、操縦者、現に操縦はしていないが操縦する可能性のある者、補助者等無人航空機の飛行の安全確保に必要な要員とする。

## 問題 20

飛行前の確認事項として、正しいものを 1 つ選びなさい。

a．機体（プロペラ、フレーム等）の損傷や歪みの有無
b．他機器との互換性
c．国際規格の適格性

## 問題 21

飛行前の確認事項として、正しいものを 1 つ選びなさい。

a．噴火感知措置の準備状況
b．安全確保措置の準備状況
c．緊急避難措置の準備状況

## 問題 22

無人航空機に関する事故が発生した場合の措置として、**誤っているもの**を1つ選びなさい。

a. 当該無人航空機を飛行させる者は、遅滞なく当該無人航空機の飛行を中止しなければならない。

b. 負傷者がいる場合にはその救護・通報、事故等の状況に応じた警察への通報、火災が発生している場合の消防への通報など、危険を防止するための必要な措置を講じなければならない。

c. 当該事故が発生した日時及び場所等の必要事項を国土交通大臣に報告しなければならない。

## 問題 23

飛行日誌の携行及び記載の説明として、正しいものを1つ選びなさい。

a. 無人航空機を飛行させる者は、特定飛行をする場合には、飛行日誌を携行（携帯）することが望ましいとされている。

b. 飛行日誌は、紙媒体で作成しなければならない。

c. 特定飛行に該当しない無人航空機の飛行を行う場合であっても、飛行日誌に記載することが望ましい。

## 問題 24

カテゴリーⅢ飛行を行う場合の運航管理体制として、**誤っているもの**を1つ選びなさい。

a. カテゴリーⅢ飛行を行う場合には、一等無人航空機操縦士資格を受けた操縦者が第一種機体認証を有する無人航空機を飛行させることが求められる。

b. カテゴリーⅢ飛行を行う場合には、あらかじめ「運航管理の方法」について内閣総理大臣の審査を受け、飛行の許可・承認を受ける必要がある。

c. 飛行の許可・承認の審査においては、無人航空機を飛行させる者が適切な保険に加入するなど賠償能力を有することの確認を行うこととされている。

## 問題 25

小型無人機等飛行禁止法により飛行禁止の対象となる重要施設として、誤っているものを1つ選びなさい。

a．国会議事堂
b．最高裁判所
c．国立公園

## 問題 26

アマチュア無線局に関する説明として、正しいものを1つ選びなさい。

a．アマチュア無線とは、金銭上の利益のためでなく、専ら個人的な興味により行う自己訓練、通信及び技術研究のための無線通信である。
b．アマチュア無線を使用した無人航空機を、利益を目的とした仕事などの業務に利用することができる。
c．アマチュア無線による FPV 無人航空機については、現在、無人航空機の操縦に 2.4GHz 帯の免許不要局を使用し、無人航空機からの画像伝送に 5GHz 帯のアマチュア無線局を使用する場合が多いが、5GHz 帯のアマチュア無線は、周波数割当計画上、一次業務に割り当てられている。

## 問題 27

大型飛行機（最大離陸重量 25kg 以上）の特徴として、誤っているものを1つ選びなさい。

a．25kg 未満の飛行機に比べて風の影響を受けやすくなる。
b．機体の慣性力が大きいことから、増速・減速・上昇・降下などに要する時間と距離が長くなるため、障害物回避には特に注意が必要である。
c．一般に小型の機体よりも騒音が大きくなるため、飛行ルート周囲への配慮が必要である。

## 問題 28

回転翼航空機（マルチローター）の大型機（最大離陸重量 25kg 以上）の特徴として、正しいものを 1 つ選びなさい。

a．機体の対角寸法やローターのサイズやモーターパワーも大きくなり、飛行時の慣性力も減少し、上昇・降下や加減速などに要する時間と距離が長くなる。

b．離着陸やホバリング時の地面効果等の範囲が狭まり、高度な操縦技術を要する。

c．飛行時機体から発せられる騒音も大きくなり周囲への影響範囲も広がる。

## 問題 29

揚力発生に関する説明として、正しいものを 1 つ選びなさい。

a．流れる空気の中に翼のような流線形をした物体が置かれると物体には空気力が作用するが、流れと垂直方向に作用する力を抗力、流れの方向に働く力を揚力とよぶ。

b．翼の断面形状が上面の湾曲の方が下面より小さな翼型は、効率よく揚力を発生できるので翼型やローター断面に利用される。

c．プロペラの回転にはトルクが必要であり、プロペラを回転させる原動機には反トルクが作用する。

## 問題 30

モーター、ローター、プロペラの説明として、誤っているものを 1 つ選びなさい。

a．電動の無人航空機においてローターを駆動するモーターには、ブラシモーターとブラシレスモーターがあり、ブラシモーターの特徴としては、メンテナンスが容易、静音、長寿命であることが挙げられる。

b．ローターは通常回転方向(時計回転（CW：クロックワイズ）／反時計回転（CCW：カウンタークロックワイズ)) に合わせた形状となっており、モーターの回転方向に合わせて取り付けるよう注意が必要である。

c．モーターの回転数は ESC（エレクトロニックスピードコントローラー）により制御されており、モーターで駆動されたローターの回転数を増減させることにより揚力や推力を変化させている。

## 問題 31

エンジンの説明として、正しいものを 1 つ選びなさい。

a．エンジンには 2 ストロークエンジン、4 ストロークエンジン、グローエンジン等の種類がある。
b．エンジンの種類にかかわらず、潤滑方式、燃焼サイクル、点火温度等は同一である。
c．燃料にオイル等を混ぜた混合燃料を使用する場合は、任意の混合比での使用で構わない。

## 問題 32

フレネルゾーンに関する説明として、正しいものを 1 つ選びなさい。

a．無線通信での「見通しが良い」という表現は、フレネルゾーンがしっかり確保されている状態であることを意味する。
b．フレネルゾーン内に壁や建物などの障害物があると、受信電界強度が確保されず通信エラーが起こり、障害物がない状態に比べて通信距離が長くなる。
c．フレネルゾーンの半径は周波数が高く（波長が短く）又はお互いの距離が短くなればなるほど大きくなる。

## 問題 33

無人航空機の運航において使用されている電波の周波数帯・用途に関する説明として、誤っているものを 1 つ選びなさい。

a．無人航空機の運航において使用されている主な電波の周波数帯は、2.4GHz 帯、5.7GHz 帯、820MHz 帯、73MHz 帯、169MHz 帯である。
b．169MHz 帯は主に 2.4GHz 帯及び 5.7GHz 帯の無人移動体画像伝送システムの無線局のバックアップ回線として使用される。
c．電波の周波数帯や出力、使用するアンテナの特性、変調方式、伝送速度などによって通信可能な距離は変動する。

## 問題 34

リチウムポリマーバッテリーの保管方法や廃棄方法として、誤っているものを1つ選びなさい。

a．万が一発火しても安全を保てる不燃性のケースに入れ、突起物が当たってバッテリーを傷つけない状態で保管すること。
b．落下させるなど衝撃を与えないこと。
c．無人航空機の運航で生じる廃棄物は、各運航実施団体のルールに従って廃棄しなければならない。

## 問題 35

機体の整備・点検・交換・廃棄について、正しいものを1つ選びなさい。

a．リチウムポリマーバッテリーが膨らんでいる場合は、過充電などでバッテリー内部に不燃性ガスが発生している可能性があるため、早めに交換を行う。
b．事業で用いたリチウムポリマーバッテリーを廃棄する場合は、法律に則り「一般廃棄物」として廃棄する。
c．エンジン機においては、飛行前後以外に一定の期間又は一定の総飛行時間毎に、メーカーが定めた整備項目を整備手順に従って実施する。

## 問題 36

飛行前の準備として行う航空法その他の法令等の必要な手続きの項目の説明として、正しいものを1つ選びなさい。

a．国の飛行の許可・承認の取得
b．技能証明書の携行は不要
c．航空法以外の法令等の手続きは不要

## 問題 37

異常事態発生時の措置として、<u>誤っているもの</u>を1つ選びなさい。

a．あらかじめ設定した手順等に従った危機回避行動をとる
b．事故発生時には、直ちに無人航空機の飛行を中止し、危険を防止するための措置をとる
c．事故・重大インシデントの総務大臣への報告

## 問題 38

損害賠償能力の確保に関する説明として、正しいものを1つ選びなさい。

a．無人航空機を飛行させる場合には、損害賠償責任保険に加入しておくことが有効と考えられる。
b．国土交通省においては、加入している保険の確認など無人航空機を飛行させる者が賠償能力を有することの確認を、許可・承認の審査の後に行っている。
c．無人航空機の保険については、大きく分けて機体保険と操縦者保険がある。

## 問題 39

回転翼航空機（ヘリコプター）の離陸方法として、正しいものを1つ選びなさい。

a．十分にローター回転が上昇する前に、離陸すること。
b．離陸後は速やかに地面効果外まで機体を上昇させること。
c．やむを得ない場合を除き、水平方向の急上昇は避けること。

## 問題 40

手動操縦の特徴とメリットとして、誤っているものを 1 つ選びなさい。

a. 操縦者の習熟度によって飛行高度の微調整や回転半径や航行速度の調整、遠隔地での高精度な着陸など細かな操作が行える。
b. 安定した飛行に使われている GNSS 受信機や電子コンパス、気圧センサなどが何らかの原因により機能不全に陥ったときには手動操縦による危険回避が求められる。
c. 定められた航路を高精度に飛行をするなど、高い再現性を求められる操縦に向いている。

## 問題 41

事故発生時の運航者の行動、アルコールの影響に関する説明として、正しいものを 1 つ選びなさい。

a. 運航者は、事故発生時においては、遅滞なく無人航空機の飛行を中止する。
b. 運航者は、負傷者がいる場合には、第一に危険を防止するための必要な措置を講じ、次に当該事故が発生した日時及び場所等の必要事項を国土交通大臣に報告しなければならない。
c. 前夜に飲酒した場合において、翌日の操縦時までアルコールの影響を受けている可能性はない。

## 問題 42

安全マージンに関する説明として、誤っているものを1つ選びなさい。

a．飛行経路を考慮し、周辺及び上方に障害物がない水平な場所を離着陸場所と設定する。

b．緊急時などに一時的な着陸が可能なスペースを、前もって確認・確保しておく。

c．飛行領域に危険半径（高度と同じ数値又は 20 m のいずれか長い方）を加えた範囲を、立入管理措置を講じて無人地帯とした後、飛行する。

## 問題 43

飛行経路の安全な設定に関する説明として、正しいものを1つ選びなさい。

a．飛行経路は、無人航空機が飛行する高度と経路において、障害となる建物や鳥などの妨害から避けられるよう設定する。

b．障害物付近を飛行せざるを得ない経路を設定する際は、機体の性能を問わず、一律の距離を保つように心がける。

c．操縦者の目視が限界域付近となる飛行では、付近の障害物との距離差が曖昧になりやすいため、事前に飛行経路付近の障害物との距離を地図上で確認し、必要と判断した場合は補助者を配置することが望ましい。

## 問題 44

安全な飛行を行うために確認すべき気象の情報源として、誤っているものを1つ選びなさい。

a．実況天気図
b．予報天気図
c．好天解析図

## 問題 45

低気圧の説明として、正しいものを1つ選びなさい。

a．周囲よりも相対的に気圧が低いところを低圧部といい、その中で閉じた等圧線で囲まれたところを低気圧という。
b．北半球では時計回りに低気圧の中心に向かって周囲から風が吹き込む。
c．中心部では下降気流が起こり、雲が発生し一般的に天気は悪い。

## 問題 46

雲と降水の説明として、誤っているものを1つ選びなさい。

a．雲には9種雲形と呼ばれる9種類の雲の形がある。
b．上層雲として巻雲・巻層雲・巻積雲が、中層雲として高層雲・乱層雲・高積雲が、低層雲と下層から発達する雲として積雲・積乱雲・層積雲・層雲がある。
c．層雲系の雲では連続的な降水が、積雲系であれば断続的でしゅう雨性の降水を伴う傾向がある。

## 問題 47

海陸風、山谷風、ビル風の説明として、正しいものを1つ選びなさい。

a．地表付近において、日中は、暖まりやすい海上に向かって風が吹き、夜間は、冷めにくい陸上に向かって風が吹く。これが海陸風の仕組みである。
b．昼間は、日射で暖められた空気が谷を這い上がる山風が吹き、夜間は冷えた空気が山から降りる谷風が吹く。これが山谷風の仕組みである。
c．ビル風は、高層ビルや容積の大きい建物などが数多く近接している場所及び周辺に発生する風で、強さや建物周辺に流れる風の特徴により分類される。

## 問題 48

飛行機の運航の特徴として、誤っているものを1つ選びなさい。

a．回転翼航空機と同様、ホバリング（空中停止）ができる。
b．上空待機を行う場合はサークルを描くように旋回飛行を行う。
c．着陸は失速しない程度に速度を下げて行うため、高度なエレベーター操作が必要となる。

## 問題 49

大型機（最大離陸重量 25kg 以上）および夜間飛行の運航の特徴として、正しいものを1つ選びなさい。

a．大型機の場合、緊急着陸地点の選定は小型機よりも狭い範囲が要求される。
b．大型機の場合、一般に小型の機体よりも騒音が大きくなるため、飛行経路周囲への配慮が必要である。
c．夜間飛行は、機体の姿勢及び方向の視認、周囲の安全確認が昼間（日中）飛行と比較し容易となる。

## 問題 50

補助者を配置しない場合における目視外飛行の運航において、追加される要件として、誤っているものを1つ選びなさい。

a．地上において、機体の針路、姿勢、高度、速度及び周辺の気象状況等を把握できる。
b．地上において、計画上の飛行経路と飛行中の機体の位置の差を把握できる。
c．想定される運用に基づき、十分な飛行実績を有する機体を使用すること。また、この実績は、機体の想定故障期間を超えていること。

# 無人航空機操縦士　二等学科試験

# 第 5 回　予想問題

## 試験時間　30 分

※実際の試験は CBT 方式で実施されますが、学習しやすいように
別冊の p.103、104 に解答用紙を準備しました。コピーして
お使いください。

## 問題 1

**無人航空機操縦者の心得として、正しいものを 1 つ選びなさい。**

a．危険な状況を乗り切ることと、危険を事前に回避することは同程度に重要である。
b．操縦者の最も基本的な責任は、飛行を安全に成し遂げることにある。
c．常に操縦者のみの安全を意識すること。

## 問題 2

**情報の収集や連絡体制の確保に関する説明として、<u>誤っているもの</u>を 1 つ選びなさい。**

a．飛行前に、最新の気象情報を収集する必要はない。
b．地域によっては、地方公共団体により無人航空機の飛行を制限する条例や規則が設けられていたり、立入禁止区域が設定されていたりする場合があることから、飛行予定地域の情報を収集する。
c．飛行の際には、携帯電話等により関係機関と常に連絡がとれる体制を確保する。

## 問題 3

**監視の実施に関する説明として、正しいものを 1 つ選びなさい。**

a．無人航空機の事故のうち、十分に監視をしていなかったことが原因となる事故は少数である。
b．無人航空機の飛行する空域や場所には、他の航空機をはじめ、ビルや家屋といった建物や自動車、電柱、高圧線、樹木などの飛行の支障となるものが数多く存在する。
c．衝突防止装置を搭載する機体においては、鳥等に注意する必要はない。

## 問題4

**保険について、正しいものを1つ選びなさい。**

a．無人航空機の保険には、車の自動車損害賠償責任保険（自賠責）のような「強制保険」および「任意保険」が存在する。
b．万一の場合の金銭的負担が大きいので、任意保険には加入しておくとよい。
c．無人航空機の保険は1種類のみとされている。

## 問題5

**航空法における無人航空機の重量として、正しいものを1つ選びなさい。**

a．バッテリー、取り外し可能な付属品を含む機体重量が100g以上のもの
b．バッテリーを含まない機体重量が100g以上のもの
c．バッテリーを含む機体重量が100g以上のもの

## 問題6

**規制対象となる飛行の空域及び方法（特定飛行）に関する説明として、正しいものを1つ選びなさい。**

a．航空法において、無人航空機の飛行において確保すべき安全の一つに、無人航空機の航行の安全が挙げられる。
b．航空法において、無人航空機の飛行において確保すべき安全の一つに、地上又は水上の人又は物件の安全は挙げられていない。
c．規制対象となる飛行の空域の一つに、空港等の周辺の上空の空域が挙げられる。

## 問題 7

無人航空機の飛行形態の分類として、誤っているものを1つ選びなさい。

a．カテゴリーⅡ飛行のうち、特に、空港周辺、高度 200 m 以上、催し場所上空、危険物輸送及び物件投下並びに最大離陸重量 30kg 以上の無人航空機の飛行は、リスクの高いものとして、「カテゴリーⅡA 飛行」といい、その他のカテゴリーⅡ飛行を「カテゴリーⅡB 飛行」という。

b．特定飛行のうち立入管理措置を講じないで行うもの、すなわち第三者上空における特定飛行を「カテゴリーⅢ飛行」という。

c．「カテゴリーⅢ飛行」は最もリスクの高い飛行となることから、その安全を確保するために最も厳格な手続き等が必要となる。

## 問題 8

航空機の運航ルール等の説明として、正しいものを1つ選びなさい。

a．無人航空機の航行安全は、人の生命や身体に直接かかわるものとして最大限優先すべきものである。

b．航空機の速度や無人航空機の大きさから、航空機側から無人航空機の機体を視認し回避することが困難である。

c．無人航空機は航空機と比較して一般的には機動性が低いと考えられる。

航空機の飛行高度や航空機の操縦者による見張り義務に関する説明として、<u>誤っているもの</u>を 1 つ選びなさい。

a．200 メートル以下での航空機の飛行は離着陸に引き続く場合が多いが、捜索又は救助を任務としている公的機関（警察・消防・防衛・海上保安庁）等の航空機や緊急医療用ヘリコプター及び低空での飛行の許可を受けた航空機（物資輸送・送電線巡視・薬剤散布）等は離着陸にかかわらず 200 メートル以下で飛行している場合がある。

b．無人航空機の操縦者は、航空機と接近及び衝突を避けるため、無人航空機の飛行経路及びその周辺の空域を注意深く監視し、飛行中に航空機を確認した場合には、無人航空機を地上に降下させるなどの適切な措置を取らなければならない。

c．航空機の操縦者は、航空機の航行中は、飛行方式にかかわらず、視界の悪い気象状態にある場合を除き、他の航空機その他の物件と衝突しないように見張りをすることが義務付けられている。

問題 10

東京・成田・中部・関西国際空港及び政令空港において設定することができる制限表面の名称として、<u>誤っているもの</u>を 1 つ選びなさい。

a．円柱表面
b．延長進入表面
c．外側水平表面

問題 11

登録の手続き及び登録記号の表示の説明として、<u>誤っているもの</u>を 1 つ選びなさい。

a．登録記号の文字は、最大離陸重量 25kg 以上の機体の場合、35mm 以上の高さとする必要がある。

b．登録記号の文字は、最大離陸重量 25kg 未満の機体の場合、3mm 以上の高さとする必要がある。

c．所有者又は使用者の氏名や住所などに変更があった場合には、登録事項の変更の届出をしなければならない。

第5回

## 問題 12

飛行の規制対象となる空港等の周辺の空域として、正しいものを1つ選びなさい。

a．延長表面の上空の空域
b．円錐表面の上空の空域
c．内側水平表面の上空の空域

## 問題 13

規制対象となる飛行の方法（特定飛行）として、誤っているものを1つ選びなさい。

a．無人航空機の操縦者は、昼間（日中）における飛行が原則とされ、それ以外の
　飛行の方法（夜間飛行）は、航空法に基づく規制の対象となる。
b．「昼間（日中）」とは、午前6時から午後7時までの間を指す。
c．無人航空機の操縦者は、当該無人航空機及びその周囲の状況を目視により常時
　監視して飛行させることが原則とされ、それ以外の飛行の方法（目視外飛行）は、
　航空法に基づく規制の対象となる。

## 問題 14

飛行の規制対象となる「物件」として、誤っているものを1つ選びなさい。

a．航空機
b．建設機械
c．セグウェイ

## 問題 15

飛行の規制対象となる「物件」として、<u>誤っているもの</u>を1つ選びなさい。

a．変電所
b．空き地
c．鉄塔

## 問題 16

飛行が原則禁止されている「多数の者の集合する催し」として、<u>誤っているもの</u>を1つ選びなさい。

a．新店舗のオープン記念
b．展示会
c．プロスポーツの試合

## 問題 17

輸送が原則禁止されている「危険物」として、正しいものを1つ選びなさい。

a．ペットボトル
b．果汁
c．可燃性物質

## 問題 18

輸送が原則禁止されている「危険物」とならないものとして、正しいものを1つ選びなさい。

a．業務用機器（カメラ等）に用いられる電池
b．液体バッテリー
c．酸化性物質

## 問題 19

無人航空機の飛行に間接的に関与している者（以下「間接関与者」という。）として、誤っているものを 1 つ選びなさい。

a．無人航空機を飛行させる者が、間接関与者について無人航空機の飛行の目的の全部又は一部に関与していると判断している。
b．間接関与者が、無人航空機を飛行させる者から、無人航空機が計画外の挙動を示した場合に従うべき明確な指示と安全上の注意を受けている。なお、間接関与者は当該指示と安全上の注意に従うことが期待され、無人航空機を飛行させる者は、指示と安全上の注意が適切に理解されていることを確認する必要がある。
c．間接関与者が、無人航空機の飛行目的の全部又は一部に関与するかどうかの決定を他者に委ねることができる。

## 問題 20

飛行前の確認事項として、誤っているものを 1 つ選びなさい。

a．一般系統の作動状況
b．推進系統の作動状況
c．電源系統の作動状況

## 問題 21

飛行前の確認事項として、誤っているものを 1 つ選びなさい。

a．飛行に必要な気象情報
b．水の搭載量
c．燃料の搭載量

## 問題 22

無人航空機に関する事故の対象として、正しいものを1つ選びなさい。

a. 人の死傷に関しては重傷以上を対象とする。
b. 物件の損壊に関しては第三者の所有物を対象とし、その損傷の規模や損害額が一定規模以上のものを対象とする。
c. 航空機との衝突又は接触については、航空機及び無人航空機の両方に損傷が確認できるもののみを対象とする。

## 問題 23

機体認証を受けた無人航空機を飛行させる者が遵守する必要がある運航ルールとして、誤っているものを1つ選びなさい。

a. 機体認証を受けた無人航空機を飛行させる者は、使用条件等指定書に記載された、使用の条件の範囲内で特定飛行しなければならない。
b. 機体認証を受けた無人航空機の使用者は、必要な整備をすることにより、当該無人航空機を安全基準に適合するように維持しなければならない。
c. 機体認証を受けた無人航空機の使用者は、無人航空機の機体認証を行う場合に設定される無人航空機着手手順書に従って整備をすることが義務付けられている。

## 問題 24

技能証明の欠格事由として、正しいものを1つ選びなさい。

a. 18歳に満たない者
b. 航空法の規定に基づき技能証明を拒否された日から1年以内の者又は技能証明を保留されている者（航空法等に違反する行為をした場合や無人航空機の飛行に当たり非行又は重大な過失があった場合に係るものに限る。）
c. 航空法の規定に基づき技能証明を取り消された日から3年以内の者又は技能証明の効力を停止されている者（航空法等に違反する行為をした場合や無人航空機の飛行に当たり非行又は重大な過失があった場合に係るものに限る。）

## 問題 25

小型無人機等飛行禁止法により飛行禁止の対象となる重要施設として、正しいものを1つ選びなさい。

a．瀬戸大橋
b．首都高速道路
c．自衛隊施設

## 問題 26

電波法及びその他の法令等の説明として、<u>誤っているもの</u>を1つ選びなさい。

a．携帯電話等の移動通信システムは、地上での利用を前提に設計されていることから、その上空での利用については、通信品質の安定性や地上の携帯電話等の利用への影響が懸念されている。
b．電波法その他の法令等又は地方公共団体が定める条例に基づき、無人航空機の利用方法が制限されたり、都市公園や施設の上空など特定の場所において、無人航空機の飛行が制限されたりする場合がある。
c．警備上の観点等から警察などの関係省庁等の要請に基づき、総務省が無人航空機の飛行自粛を要請することがある。

## 問題 27

回転翼航空機（ヘリコプター）の特徴として、正しいものを1つ選びなさい。

a．回転翼航空機（ヘリコプター）は、垂直離着陸、ホバリング、低速飛行が可能であるが、これには大きなエネルギー消費がともない、風の影響を受けにくい。
b．同じ回転翼航空機であるヘリコプター型とマルチローター型で比べると、ヘリコプター型は1組のローターで揚力を発生させるため、回転翼航空機（マルチローター）に比べローターの直径が小さく、空力的に効率良く揚力を得る事が出来る。
c．回転翼航空機（ヘリコプター）の最大離陸重量 25kg 以上の大型機では慣性力が大きく操舵時の機体挙動が遅れ気味になるため、特に定点で位置を維持するホバリングでは早めに操舵することが必要となる。

## 問題 28

無人航空機の夜間飛行に関する説明として、誤っているものを1つ選びなさい。

a．無人航空機を日没から日出までの間に飛行させる場合は届出が必要である。

b．夜間飛行では機体の姿勢や進行方向が視認できないため、灯火を搭載した機体が必要であり、さらに操縦者の手元で位置、高度、速度等の情報が把握できる送信機を使用することが望ましい。

c．夜間飛行では地形や人工物等の障害物も視認できないため、離着陸地点や計画的に用意する緊急着陸地点、飛行経路中の回避すべき障害物も視認できるように地上照明を当てる。

## 問題 29

無人航空機へのペイロード搭載に関する説明として、誤っているものを1つ選びなさい。

a．ペイロードの最大積載量とペイロード搭載時の飛行性能は飛行高度、大気状態によっても異なり、また飛行機の場合は離着陸エリアの広さによっても異なる。

b．機体重量が変化すると航空機の飛行特性（安定性、飛行性能、運動性能）は変化するため注意が必要である。

c．機体の内心位置の変化は飛行特性に大きな影響を及ぼすため、ペイロードの有無によって機体の内心位置が著しく変化しないようにしなければならない。

## 問題 30

回転翼航空機のスティック操作による機体の動きの割り当てとして、正しいものを1つ選びなさい。

a．スロットルは、モード1で右側スティックの上下操作、モード2で左側スティックの左右操作を行う。

b．エレベーターは、モード1で左側スティックの上下操作、モード2で右側スティックの上下操作を行う。

c．エルロンは、モード1およびモード2で、左側スティックの左右操作を行う。

## 問題 31

物件投下のために装備される機器の説明として、<u>誤っているもの</u>を1つ選びなさい。

a．無人航空機で物件投下する機器には、救命機器等を機体から落下させる装置や農薬散布のために液体や粒剤を散布する装置などがある。

b．物件投下用のウインチ機構で吊り下げる場合は、物件の揺れ、投下前後の重心の変化に注意しなければならない。

c．農薬散布する装置の多くは、飛行速度、飛行高度などが特に定められていない。

## 問題 32

電波の特性として、正しいものを1つ選びなさい。

a．電波は、2つの異なる媒質間を進行するとき、反射や屈折が起こる。

b．常に反射の法則（入射角と反射角の大きさは等しい）が成り立つ訳ではない。

c．電波は、3つ以上の波が重なると、強め合ったり、弱め合ったりする。

## 問題 33

磁気方位に関する説明として、正しいものを1つ選びなさい。

a．地磁気センサは正常な方位を計測しない場合があるが、それは磁力線が示す北（磁北）と地図の北に錯角が生じるためである。

b．地磁気の検出において、鉄や電流が影響を与えることはない。

c．磁気キャリブレーションが正しく行われていないと、機体が操縦者の意図しない方向へ飛行する可能性がある。

GNSS に関する説明として、誤っているものを1つ選びなさい。

a. GPS（Global Positioning System）は、イギリス国防総省が、航空機等の航法支援用として開発したシステムである。
b. GPS に加え、ロシアの GLONASS、欧州の Galileo、日本の準天頂衛星 QZSS 等を総称して GNSS（Global Navigation Satellite System/ 全球測位衛星システム）という。
c. GPS 測位での受信機1台の単独測位の精度は数十 m の精度である。

問題 35

操縦者の義務及び安全運航のためのプロセスと点検項目に関する説明として、正しいものを1つ選びなさい。

a. 航空法においては、無人航空機を安全に飛行させるため、操縦者に対して様々な義務を課している。
b. 安全に運航するために点検プロセスを定め、そのプロセスごとに点検項目を設定する必要はない。
c. 点検プロセスは運航者の指示する内容に従って実施すること。

問題 36

安全運航のためのプロセスと点検項目として、誤っているものを1つ選びなさい。

a. 運航前日の準備では、必要な装置や設備の設置を行い、飛行に必要な許可・承認や機体登録等の有効期間が切れていないかを確認する。
b. 飛行前の点検ではバッテリーのチェックや機体の異常チェックなど、無人航空機が正常に飛行できることを最終確認する。
c. 飛行中の点検では、飛行中の機体の状態チェックや、飛行している機体の周囲の状況を確認する。

第5回

## 問題 37

飛行前の準備として行う立入管理措置・安全確保措置の確認項目として、**誤っているもの**を1つ選びなさい。

a．飛行マニュアルの作成
b．第三者の立入りを管理する措置
c．通常時の措置

## 問題 38

飛行後の点検項目として、正しいものを1つ選びなさい。

a．機体にペンキ等の付着はないか
b．各機器は確実に取り付けられているか
c．各機器の異常な冷却はないか

## 問題 39

無人航空機に係るセキュリティ確保に関する説明として、正しいものを1つ選びなさい。

a．無人航空機のセキュリティ対策として望ましいとされているのは、無人航空機を自由に飛行させることである。
b．無人航空機にはプログラムに基づき自動又は自律で飛行するものも多くあり、そのようなものは、プログラムを不正に書き換えられる等により、当該無人航空機が奪取されたり操縦者の意図に反して悪用されたりする可能性がある。
c．航空法に基づく機体認証・型式認証に係る安全基準は、無人航空機に係るサイバーセキュリティの観点からの適合性が証明されることまでは求めていない。

## 問題 40

回転翼航空機（ヘリコプター）の着陸時に注意すべき事項として、誤っているものを1つ選びなさい。

a．地面に近づくにつれ、降下速度を遅くし、着陸による衝撃を抑えること。
b．地面効果範囲内ではホバリングをしながら、ゆっくりと着陸させること。
c．接地後、ローターが停止するまで、機体に近づかないこと。

## 問題 41

自動操縦の特徴とメリットに関する説明として、正しいものを1つ選びなさい。

a．飛行を制御するアプリケーションソフトに搭載されている地図情報に、予め唯一の飛行時のウェイポイント（経過点）を設定し飛行経路を作成する。
b．ウェイポイントは地図上の位置情報の設定だけを行うことができる。
c．手動操縦に比較して、再現性の高い飛行を行うことができるため、経過観察が必要とされる用地や、離島への輸送、生育状況を把握する耕作地などの飛行に利用される。

## 問題 42

操縦者のパフォーマンスや安全な運航のための意思決定体制に関する説明として、誤っているものを1つ選びなさい。

a．操縦者は疲労を感じても飛行を継続してしまう傾向にあるため、適切に飛行時間を管理する必要がある。
b．操縦者が高いストレスを抱えている状態は安全な飛行を妨げる要因となるため、操縦者との適切なコミュニケーションを運航の計画に組み込む等ストレス軽減を図る必要がある。
c．事故等の防止のためには、操縦技量の向上のみが有効な対策である。

第5回

## 問題 43

飛行の逸脱防止及び安全を確保するための運航体制の説明として、正しいものを1つ選びなさい。

a．飛行の逸脱を防止するためには、ディフェンス機能を使用することにより、飛行禁止空域を設定する。

b．飛行の逸脱を防止するためには、衝突防止機能として無人航空機に取り付けたセンサを用いて、周囲の障害物を認識・回避する。

c．安全を確保するための運航体制として、操縦と安全管理の役割を分割させる目的で操縦者に加えて、安全管理者（運航管理者）を配置することが義務づけられている。

## 問題 44

無人航空機の運航におけるハザードとリスクの説明として、誤っているものを1つ選びなさい。

a．無人航空機の運航において、「ハザード」は事故等につながる可能性のある危険要素（潜在的なものを除く。）をいう。

b．無人航空機の運航において、「リスク」は無人航空機の運航の安全に影響を与える何らかの事象が発生する可能性をいう。

c．発生事象のリスクは、予測される頻度（被害の発生確率）と結果の重大性（被害の大きさ）により計量する。

## 問題 45

天気図の見方として、正しいものを 1 つ選びなさい。

a．天気図には、各地で観測した天気、気圧、気温、風向、風力や高気圧、低気圧、前線の位置及び等圧線などが描かれている。
b．実況天気図、予想天気図から気圧配置、前線の位置、移動速度などを確認することはできない。
c．等圧線の間隔から風の強弱を知ることができ、等圧線の間隔が狭いほど風は弱まる。

## 問題 46

冬の天気の説明として、誤っているものを 1 つ選びなさい。

a．冬の悪い天気の代表は「雪」と「風」である。
b．シベリア低気圧が優勢になり冬の季節風の吹き出しが始まると、まず気象衛星の雲写真に沿海州から日本海へ流れる帯状の雲が現れる。
c．冬型の天気の典型は西高東低といわれるもので、天気図では西側に高気圧、東側に低気圧という気圧配置で、日本海側に雪をもたらす。

## 問題 47

風と気圧の説明として、正しいものを 1 つ選びなさい。

a．風とは、空気の水平方向の流れをいい、風向と風速で表す。
b．空気は、気圧の低いほうから高いほうに向かうが、この流れが風である。
c．等圧線の間隔が狭いほど風は弱く吹く。

## 問題 48

ダウンバーストの説明として、**誤っているもの**を1つ選びなさい。

a．ダウンバーストとは、積乱雲や積雲内に発生する強烈な下降流が地表にぶつかり、水平方向にドーナツ状に渦を巻きながら四方に広がってゆく状態をいう。

b．マイクロバーストと呼ばれるものは、直径が4km程度以下の下降流で、範囲は小さいが下降流はダウンバーストより強烈なものがある。

c．マイクロバーストの発生時間は数分から10分程度のものが多く、通常の観測網で探知される局地的なものである。

## 問題 49

回転翼航空機（ヘリコプター）の運航の特徴として、**正しいもの**を1つ選びなさい。

a．構造上プロペラガードがない機体が一般的であるため、安全のためにプロペラガード付きの回転翼航空機（マルチローター）よりも狭い離着陸エリアが必要である。

b．離着陸において、機体と操縦者及び補助者の必要隔離距離を取扱説明書等で確認するとともに、十分確保すること。

c．機体高度が、およそメインローター半径以上になると、地面効果の影響が顕著になりやすいため、推力変化及びホバリング時の安定・挙動に注意が必要である。

## 問題 50

夜間飛行の運航の説明として、**誤っているもの**を1つ選びなさい。

a．夜間飛行においても、原則として目視外飛行を実施し、機体の向きを視認できる灯火が装備された機体を使用する。

b．操縦者は事前に第三者の立入りの無い安全な場所で、訓練を実施すること。

c．離着陸地点を含め、回避すべき障害物などには、安全確保のため照明が必要である。

memo

本書の正誤や法令改正、教則の変更等の最新情報等は、
下記のアドレスでご確認ください。
http://www.s-henshu.info/drym2404/

上記掲載以外の箇所で正誤についてお気づきの場合は、**書名・発行日・質問事項（該当ページ・行数・問題番号**など）**と誤りだと思う理由**・**氏名・連絡先**を明記のうえ、お問い合わせください。
・Web からのお問い合わせ：上記アドレス内【正誤情報】へ
・郵便または FAX でのお問い合わせ：下記住所または FAX 番号へ
※**電話でのお問い合わせはお受けできません。**

[宛先] コンデックス情報研究所
　　　　『**本試験型　ドローン等操縦士二等学科試験問題集**』係
　　　　住　　　所：〒 359-0042　所沢市並木 3-1-9
　　　　FAX 番号：04-2995-4362　（10:00 ～ 17:00　土日祝日を除く）

※**本書の正誤以外に関するご質問にはお答えいたしかねます。**また、受験指導などは行っておりません。
※ご質問の受付期限は、各学科試験日の 10 日前必着といたします。ご了承ください。
※回答日時の指定はできません。また、ご質問の内容によっては回答まで 10 日前後お時間を頂く場合があります。
　あらかじめご了承ください。

■ 編　　著：コンデックス情報研究所
　　　　　　1990 年 6 月設立。法律・福祉・技術・教育分野において、書籍の企画・執筆・編集、大学および通信教育機関との共同教材開発を行っている研究者・実務家・編集者のグループ。


本試験型 ドローン等操縦士二等学科試験問題集
2024年 6 月20日発行

編　著　コンデックス情報研究所

発行者　深見公子

発行所　成美堂出版
　　　　〒162-8445　東京都新宿区新小川町1-7
　　　　電話(03)5206-8151 FAX(03)5206-8159

印　刷　大盛印刷株式会社

別冊

本試験型
ドローン等操縦士
二等学科試験
問題集

正答・解説編

※矢印の方向に引くと
　正答・解説編が取り外せます。

別冊
正答・解説編

成美堂出版

# CONTENTS

# 第1回　無人航空機操縦士　二等　学科試験
# 正答一覧

| 1回目 | 正答数 ／ 50 問 | 2回目 | 正答数 ／ 50 問 |
|---|---|---|---|

合格基準：正答率80％（40〜41問）程度

| 問題 | 正答 | 問題 | 正答 | 問題 | 正答 |
|---|---|---|---|---|---|
| 問題 1 | c | 問題 21 | b | 問題 41 | b |
| 問題 2 | c | 問題 22 | a | 問題 42 | a |
| 問題 3 | c | 問題 23 | c | 問題 43 | c |
| 問題 4 | c | 問題 24 | a | 問題 44 | a |
| 問題 5 | a | 問題 25 | a | 問題 45 | c |
| 問題 6 | b | 問題 26 | a | 問題 46 | a |
| 問題 7 | b | 問題 27 | c | 問題 47 | c |
| 問題 8 | b | 問題 28 | c | 問題 48 | c |
| 問題 9 | c | 問題 29 | b | 問題 49 | b |
| 問題 10 | b | 問題 30 | a | 問題 50 | b |
| 問題 11 | b | 問題 31 | a | | |
| 問題 12 | a | 問題 32 | c | | |
| 問題 13 | a | 問題 33 | a | | |
| 問題 14 | c | 問題 34 | a | | |
| 問題 15 | a | 問題 35 | c | | |
| 問題 16 | c | 問題 36 | a | | |
| 問題 17 | c | 問題 37 | c | | |
| 問題 18 | c | 問題 38 | c | | |
| 問題 19 | c | 問題 39 | c | | |
| 問題 20 | b | 問題 40 | c | | |

注：本書の解答用紙は学習しやすいように準備したものであり、実際の試験はCBT（Computer Based Testing）方式により実施されるため、解答は画面上で行います。

## 問題 1  正答 c

　無人航空機は「空の産業革命」とも言われ、既に**空撮**、**農薬散布**、**測量**、**インフラの点検**等に広く利用されており、今後は、都市部も含む物流や災害対応、警備への活用等、さらに多様な分野の幅広い用途に利用され、産業、経済、社会に変革をもたらすことが期待されている。農業用ドローンを利用することにより、短時間での**農薬散布**が可能となる。また、無人航空機による**測量**を行うことで、時間や手間を大幅に短縮することが可能となる。なお、現状、永久に旋回できる無人航空機は開発**されていない**。よって、誤っているものは c である（教則 1.「はじめに」）。

## 問題 2  正答 c

　無人航空機操縦者の心得として、無人航空機の**運航**や**安全管理**などに対して**責任**を負うこと、**知識と能力**に裏付けられた**的確**な判断を行うこと、操縦者としての自覚を持ち、あらゆる状況下で、常に**人の安全を守る**ことを第一に考えること、がある。よって、誤っているものは c である（教則 2.1.1「操縦者としての自覚」）。

## 問題 3  正答 c

a.　○　衝突や墜落により死傷者が発生した場合、事故の内容により「業務上過失致死傷」などの**刑事責任**（懲役、罰金等）を負う場合がある（教則 2.1.8「事故を起こしたときに操縦者が負う法的責任」(1) 刑事責任）。

b.　○　操縦者は、被害者に対して民法に基づく「**損害賠償責任**」を負う場合がある（教則 2.1.8 (2) 民事責任）。

c.　✕　航空法への違反や、無人航空機を飛行させるに当たり非行又は重大な過失があった場合には、技能証明の取消しや技能証明の効力停止（期間は**1年**以内）といった行政処分の対象となる（教則 2.1.8 (3) 行政処分）。

## 問題 4 正答 c

Check

　無人航空機を操縦する際は、**動きやすく**、素肌（頭部を含む）の露出の少ない服装、無人航空機の飛行を行う関係者であることが容易に**わかる**ような服装が望ましい。よって、誤っているものは c である（教則 2.2.6「服装に対する注意」）。

## 問題 5 正答 a

Check

a．✕　飛行に際しては、**周囲の監視**が最大の安全対策である（教則 2.2.9「飛行中の注意」(2) 監視の実施）。

b．〇　**補助者**を配置する場合には、情報の**共有**の方法についても事前に確認し、状況把握における誤解や伝達の遅れなどがないよう配慮する（教則 2.2.9 (2)）。

c．〇　飛行中は飛行のルールを守る。また、法令や条例に定められたルール以外にも、ある**地域**において限定的に行われている地域の特性に応じた**ルール**や社会通念上の**マナー**についても遵守する（教則 2.2.9 (3) ルールを守る）。

## 問題 6 正答 b

Check

a．✕　無人航空機とは、航空の用に供することができる飛行機、回転翼航空機、滑空機及び飛行船であって構造上人が乗ることが**できない**ものである（航空法 2 条 22 項）。

b．〇　**遠隔操作**又は**自動操縦**（プログラムにより自動的に操縦を行うことをいう。）により飛行させることができるものである（同法 2 条 22 項）。

c．✕　重量が 100 グラム以上のものである（航空法施行規則 5 条の 2）。

ドローン
（マルチコプター）

ラジコン機

※無人航空機には、いわゆるドローン（マルチコプター）、ラジコン機、農薬散布用ヘリコプター等が該当する。

## 問題7　正答 b

a．○　消防、救助、警察業務その他の**緊急用務**を行うための航空機の飛行の安全を確保する必要がある空域は規制対象となる（航空法施行規則236条の71第1項4号）。

b．✕　地表又は水面から**200メートル**ではなく**150メートル**以上の高さの空域が規制対象となる（同施行規則236条の71第1項5号）。

c．○　**国勢調査**の結果を受け設定されている**人口集中地区**の上空は規制対象となる（同施行規則236条の72）。

## 問題8　正答 b

特定飛行については、航空機の航行の安全への影響や地上及び水上の人及び物件への危害を及ぼすおそれがあることから、①使用する**機体**、②操縦する者の**技能**及び③運航管理の**方法**の適格性を担保し、飛行の安全を確保する必要があるとされている。よって、誤っているものは**b**である（教則3.1.1「航空法に関する一般知識」（2）無人航空機の飛行に関する規制概要 4）機体認証及び無人航空機操縦者技能証明）。

## 問題9　正答 c

a．○　無人航空機の操縦者には、国が提供している「ドローン情報基盤システム（飛行計画通報機能）」などを通じて**飛行情報**を共有することが求められている（教則3.1.1「航空法に関する一般知識」（3）航空機の運航ルール等 1）無人航空機の操縦者が航空機の運航ルールを理解する必要性）。

b．○　飛行前に航行中の航空機を確認した場合には**飛行させない**などして航空機と無人航空機の**接近**を**事前に回避**することが求められている（教則3.1.1（3）1））。

c．✕　飛行中に航行中の航空機を確認した場合には無人航空機を**地上**に**降下**させることその他適当な方法を講じることが求められている（教則3.1.1（3）1））。

| 問題 10 | 正答 b |  |
|---|---|---|

a. ✕ 航空機の飛行速度や無人航空機の大きさを考慮すると、航空機側から無人航空機の機体を視認し回避することは**困難**である（教則 3.1.1「航空法に関する一般知識」(3) 航空機の運航ルール等 4) 航空機の操縦者による見張り義務）。

b. ◯ 無人航空機の操縦者は、無人航空機の飛行経路上及びその周辺の空域を注意深く監視し、飛行中の航空機を確認した場合には、無人航空機を**地上に降下**させるなどの適切な措置を取らなければならない（教則 3.1.1 (3) 4)）。

c. ✕ 航空機の機長は、出発前に運航に必要な準備が整っていることを確認し、その一環として、**国土交通大臣**から提供される航空情報を確認することが義務付けられている（教則 3.1.1 (3) 5) 出発前の航空情報の確認）。

| 問題 11 | 正答 b |  |
|---|---|---|

a. ✕ 航空交通管制圏、航空交通情報圏、航空交通管制区内の特別管制空域等における模型航空機の飛行は禁止**されている**（教則 3.1.1「航空法に関する一般知識」(3) 航空機の運航ルール等 7) 模型航空機に対する規制）。

b. ◯ 国土交通省が災害等の発生時に**緊急用務空域**を設定した場合には、当該空域における**模型航空機**の飛行が禁止される（教則 3.1.1 (3) 7)）。

c. ✕ 飛行禁止空域以外のうち、空港等の周辺、航路内の空域（高度 150メートル以上）、高度 250 メートル以上の空域において、模型航空機を飛行させる場合には、国土交通省への事前の届出が必要となる（教則 3.1.1 (3) 7)）。

## 問題12　正答 a

a．○　無人航空機による**不適切**な飛行事案への対応の必要性や無人航空機の**利活用**の増加に伴い、無人航空機の**登録**制度が創設された（教則3.1.2「航空法に関する各論」(1) 無人航空機の登録 1) 無人航空機登録制度の背景・目的）。

b．✕　**3**年の有効期間毎に更新を受けなければ、登録の効力を失う（航空法施行規則236条の8第1項）。

c．✕　無人航空機は、原則として、機体への物理的な登録記号の表示に加え、識別情報を電波で遠隔発信する**リモート**ID機能を機体に備えなければならない（同施行規則236条の6第1項）。

## 問題13　正答 a

a．○　「**目視**により常時監視」とは、飛行させる者が**自分の目**で見ることを指し、**双眼鏡**や**モニター**（FPV（First Person View）を含む。）による監視や**補助者**による監視は**含まない**（**眼鏡**や**コンタクトレンズ**の使用は「目視」に**含まれる**）（教則3.1.2「航空法に関する各論」(2) 規制対象となる飛行の空域及び方法（特定飛行）の補足事項等 2) 規制対象となる飛行の方法 b. 目視による常時監視）。

b．✕　無人航空機の操縦者は、当該無人航空機と地上又は水上の人又は物件との間に**30**メートル以上の距離（無人航空機と人又は物件との間の直線距離）を保って飛行させることが原則とされ、それ以外の飛行の方法は、航空法に基づく規制の対象となる（航空法施行規則236条の79、航空法132条の86第2項3号、同条3項等参照）。

c．✕　「人又は物件」とは、第三者又は第三者の物件を指し、無人航空機を飛行させる者及びその関係者並びにその物件は該当**しない**（教則3.1.2 (2) 2) c. 人又は物件との距離）。

## 問題 14　正答 c

全ての空港に設定する制限表面には下記の3つがある。

| 進入表面 | 進入の最終段階及び離陸時における航空機の安全を確保するために必要な表面（航空法2条8項） |
|---|---|
| 水平表面 | 空港周辺での旋回飛行等低空飛行の安全を確保するために必要な表面（同法2条9項） |
| 転移表面 | 進入をやり直す場合等の側面方向への飛行の安全を確保するために必要な表面（同法2条10項） |

よって、誤っているものは c である。

## 問題 15　正答 a

「物件」として、**港湾のクレーン**などが該当する。よって、正しいものは a である（教則 3.1.2「航空法に関する各論」(2) 規制対象となる飛行の空域及び方法（特定飛行）の補足事項等 2）規制対象となる飛行の方法 c. 人又は物件との距離）。

## 問題 16　正答 c

「物件」として、**電柱**や**電線**などが該当する。よって、誤っているものは c である（教則 3.1.2「航空法に関する各論」(2) 規制対象となる飛行の空域及び方法（特定飛行）の補足事項等 2）規制対象となる飛行の方法 c. 人又は物件との距離）。

## 問題 17　正答 c

「多数の者の集合する催し」として、**スポーツ大会**や**運動会**などが該当する。よって、誤っているものは c である（教則 3.1.2「航空法に関する各論」(2)

規制対象となる飛行の空域及び方法（特定飛行）の補足事項等 2）規制対象となる飛行の方法 d. 催し場所上空）。

## 問題18　正答 c

「危険物」として、**酸化性物質類**や**毒物類**などが該当する。よって、誤っているものは c である（教則 3.1.2「航空法に関する各論」（2）規制対象となる飛行の空域及び方法（特定飛行）の補足事項等 2）規制対象となる飛行の方法 e. 危険物の輸送）。

## 問題19　正答 c

a．〇　無人航空機の操縦者は、当該無人航空機から**物件を投下**させることが原則**禁止**されている（航空法 132 条の 86 第 2 項 6 号）。

b．〇　物件の投下には、水や農薬等の**液体**や**霧状**のものの散布も**含まれる**（教則 3.1.2「航空法に関する各論」（2）規制対象となる飛行の空域及び方法（特定飛行）の補足事項等 2）規制対象となる飛行の方法 f. 物件の投下）。

c．✕　無人航空機を使って物件を設置する（置く）行為は、物件の投下には含まれ**ない**（教則 3.1.2 （2）2）f.）。

## 問題20　正答 b

a．✕　特定飛行に関しては、無人航空機の飛行経路下において第三者の立入りを管理する措置（立入管理措置）を講ずるか否かにより、カテゴリーⅡ飛行とカテゴリーⅢ飛行に区分され、必要となる手続き等が異なる（教則 3.1.2「航空法に関する各論」（2）規制対象となる飛行の空域及び方法（特定飛行）の補足事項等 4）その他の補足事項等 b. 立入管理措置）。

b．〇　**立入管理措置**の内容は、第三者の立入りを制限する区画（**立入管理区画**）を設定し、当該区画の範囲を明示するために必要な**標識**の設置等としている（教則 3.1.2 （2）4）b.）。

9

c. ✕ 例えば、**関係者**以外の立入りを制限する旨の看板、コーン等による表示、補助者による監視及び口頭警告などが該当する（教則 3.1.2（2）4）b.）。

## 問題 21　正答 b

　飛行前の確認事項として、**自動制御系統**の作動状況や、**飛行空域**や**周囲**における**航空機**や**他の無人航空機**の飛行状況が該当する。よって、誤っているものは b である（教則 3.1.2「航空法に関する各論」（3）無人航空機の操縦者等の義務 1）無人航空機の操縦者が遵守する必要がある運航ルール b. 飛行前の確認）。

## 問題 22　正答 a

　飛行前の確認事項として、バッテリーの残量が該当する。しかし、**ログキー**の作動状況や**IC チップ**の搭載状況は該当しない。よって、正しいものは a である（教則 3.1.2「航空法に関する各論」（3）無人航空機の操縦者等の義務 1）無人航空機の操縦者が遵守する必要がある運航ルール b. 飛行前の確認）。

## 問題 23　正答 c

　重大インシデントとして、飛行中**航空機**との**衝突**又は**接触**のおそれがあったと認めた事態や、**重傷**に至らない**無人航空機**による人の**負傷**が該当する。よって、誤っているものは c である（教則 3.1.2「航空法に関する各論」（3）無人航空機の操縦者等の義務 1）無人航空機の操縦者が遵守する必要がある運航ルール f. 事故等の場合の措置 イ）重大インシデントの報告）。

## 問題24　正答 a

●航空法に違反した場合の罰則

| 2年以下の懲役又は100万円以下の罰金 | 事故が発生した場合に、飛行を**中止**し負傷者を**救護**するなどの危険を防止するための措置を**講じなかった**とき（航空法157条の6） |
| --- | --- |
| 1年以下の懲役又は50万円以下の罰金 | 登録を受けていない無人航空機を飛行させたとき（同法157条の7第1項1号） |
| 1年以下の懲役又は30万円以下の罰金 | アルコール又は薬物の影響下で無人航空機を飛行させたとき（同法157条の8） |

よって、正しいものは a である。

## 問題25　正答 a

**アルコール**や**大麻**、**覚せい剤**等の中毒者、**航空法**等に違反する行為をした者は、技能証明を**拒否**又は**保留**されることがある。よって、誤っているものは a である（航空法132条の46第1項2号、4号）。

## 問題26　正答 a

対象施設の**管理者**又はその同意を得た者による飛行は、小型無人機等の飛行禁止の例外として、規定されている。占有者ではなく**管理者**である。また、土地の**所有者**等又はその**同意**を得た者が当該土地の**上空**において行う飛行、**国又は地方公共団体**の業務を実施するために行う飛行が、規定されている。よって、誤っているものは a である（小型無人機等飛行禁止法10条2項1、2、3号）。

## 問題27　正答 c

a．✗　回転翼航空機（マルチローター）及び回転翼航空機（ヘリコプター）は、

垂直離着陸や空中でのホバリングが**可能**という特徴がある（教則4.1.1「無人航空機の種類と特徴」）。

b. ✕　飛行機は、垂直離着陸やホバリングは**できない**が、回転翼航空機に比べ、飛行速度が速く、エネルギー効率が高いため、長距離・長時間の飛行が可能という特徴がある（教則4.1.1）。

c. 〇　回転翼航空機のように**垂直離着陸**が可能で、巡行中は飛行機のように**前進飛行**が可能となる、両方の特徴を組み合わせた**パワードリフト機**（Powered-lift）もある（教則4.1.1）。

## 問題 28　正答 c

a. 〇　回転翼航空機（マルチローター）は機体外周に配置された**ローター**を高速回転させ、上昇・降下や前後左右移動、**ホバリング**や機体を**水平回転**させることが出来る（教則4.1.4「回転翼航空機（マルチローター）」(1)機体の特徴）。

b. 〇　回転翼航空機（マルチローター）は、ローターの数によってそれぞれ呼称が異なる（ローターの数4：**クワッド**コプター、6：**ヘキサ**コプター、8：**オクト**コプター）（教則4.1.4 (1)）。

●マルチローターの種類

クワッドコプター　　　ヘキサコプター　　　オクトコプター

c. ✕　モーター性能を同一とした場合、ローターの数が**多い**ほど故障に対する耐性が向上し、ペイロード（積載可能重量）が増える（教則4.1.4 (1)）。

## 問題 29　正答 b

a. 〇　**自動操縦**システム及び機体の**外**の様子が**監視**できる機体は、目視外飛行において、補助者が配置され周囲の安全を確認ができる場合に必要な装備とし

て、規定されている（教則4.2.2「目視外飛行」（2）目視外飛行のために必要な装備）。

b．✗　搭載カメラや機体の高度、速度、位置、不具合状況等を**地上**で監視できる操縦装置は、目視外飛行において、補助者が配置され周囲の安全を確認ができる場合に必要な装備として、規定されている。空中ではなく**地上**である（教則4.2.2（2））。

c．◯　不具合発生時に対応する**危機回避**機能（フェールセーフ機能）は、目視外飛行において、補助者が配置され周囲の安全を確認ができる場合に必要な装備として、規定されている（教則4.2.2（2））。

## 問題30　正答 a

a．◯　人工衛星の**電波**を受信し、機体の地球上での**位置・高度**を取得するデバイスを GNSS という（教則4.4.1「フライトコントロールシステム」（1）フライトコントロールシステムの基礎）。

b．✗　3軸のジャイロセンサと3方向の加速度センサ等によって3次元の角速度と加速度を検出する装置を IMU という（教則4.4.1（1））。

c．✗　GPS などの各種センサの情報と送信機の指令をもとに、機体の姿勢を制御するデバイスを**メインコントローラー**という（教則4.4.1（1））。

## 問題31　正答 a

a．✗　回転角速度を測定するデバイスを**ジャイロ**センサという（教則4.4.1「フライトコントロールシステム」（1）フライトコントロールシステムの基礎）。

b．◯　操作の指令を機体へ**送信**する、又は機体情報を**受信**するデバイスを**送信機**という（教則4.4.1（1））。

c．◯　送信機の情報を受け取る**受信機**又は**送受信機**を**レシーバー**という（教則4.4.1（1））。

## 問題 32　正答 c

　リチウムポリマーバッテリーはエネルギー密度が**高い**、電圧が**高い**、自己放電が**少ない**という特徴を有している。よって、誤っているものは c である（教則4.4.4「機体の動力源」(2) バッテリーの種類と特徴 1) リチウムポリマーバッテリーの特徴）。

## 問題 33　正答 a

a. ○　電波は、進行方向に障害物が無い場合は**直進**する（教則4.5.1「電波」(1) 電波の特性 1) 直進、反射、屈折、回折、干渉、減衰）。

b. ✕　電波は、周波数が**低い**（波長が**長い**）ほど、より障害物を回り込むことができるようになる。この性質を「回折」という（教則4.5.1 (1) 1)）。

c. ✕　電波は、進行距離の2乗に**反比例**する形で電力密度が減少する。この性質を「**減衰**」という（教則4.5.1 (1) 1)）。

## 問題 34　正答 a

a. ✕　GNSS は最低**4**個以上の人工衛星からの信号を同時に受信することでその位置を計算することができる（教則4.5.3「GNSS」(1) GNSS）。

b. ○　機体に取り付けられた受信機により最低**4基**以上の人工衛星からの距離を同時に知ることによって、機体の位置を特定している（教則4.5.3 (1)）。

c. ○　安定飛行のためには、より**多く**の人工衛星から信号を受信することが望ましい（教則4.5.3 (1)）。

## 問題 35　正答 c

a. ✕　自動操縦のためにあらかじめ地図上で設定した Way Point は GNSS の測位精度の影響を**受ける**（教則4.5.3「GNSS」(3) GNSS を使用した飛行における注意事項）。

b．✕　測位精度が悪化した場合は実際の飛行経路の誤差が**大きく**なる（教則4.5.3（3））。

c．〇　**GNSS**の**測位精度**に影響を及ぼすものとしては、GNSS衛星の**時計**の精度、捕捉しているGNSS衛星の**数**、障害物などによる**マルチパス**、受信環境の**ノイズ**などが挙げられる（教則4.5.3（3））。

## 問題 36　正答 a

a．〇　飛行後の点検では飛行の**結果**、無人航空機の各部品の**摩耗**等の状態を確認する（教則5.1.2「運航時の点検及び確認事項」（1）安全運航のためのプロセスと点検項目4）飛行後の点検）。

b．✕　運航終了後の点検では無人航空機やバッテリーを安全に保管するための点検や、**飛行日誌**の作成などを確認する（教則5.1.2（1）5）運航終了後の点検）。

c．✕　飛行中に異常事態が発生した際には**危機回避行動**を行い、安全に**着陸**するための確認項目を確認する（教則5.1.2（1）6）異常事態発生時の点検）。

## 問題 37　正答 c

　飛行前の準備として行う無人航空機の確認項目には、無人航空機の**登録及び有効期間**、無人航空機の**機体認証**及び**有効期間**並びに使用の**条件**、**整備**状況がある。よって、誤っているものはcである（教則5.1.2「運航時の点検及び確認事項」（2）運航者がプロセスごとに行うべき点検）。

## 問題 38　正答 c

　飛行前の点検項目には、各機器は**安全**に取り付けられているか否か、**発動機**やモーターに異音はないか否か、**機体**（プロペラ、フレーム等）に**損傷**や**ゆがみ**はないか否かなどがある。よって、正しいものはcである（教則5.1.2「運航時の点検及び確認事項」（2）運航者がプロセスごとに行うべき点検）。

**正答 c**

a. ◯ 回転翼航空機（マルチローター）は、コントローラー等によるスロットル操作によって高速に回転する翼から発せられる**揚力**が**重力**を上回ることにより離陸する（教則 5.2.1「離着陸時の操作」（1）離着陸時に特に注意すべき事項（回転翼航空機（マルチローター））1）離陸）。

b. ◯ 回転翼航空機（マルチローター）が飛行時に高い安定性を確保するために方位センサ、**地磁気**センサや**GNSS**受信機、**気圧**センサが用いられている（教則 5.2.1（1）2）ホバリング）。

c. ✕ 降下の際は、**水平**方向の移動を合わせて操作することで墜落防止対策となる（教則 5.2.1（1）3）降下）。**垂直**ではなく**水平**である。

---

**正答 c**

a. ✕ 離着陸地点の滑走路は、水平で草などが**伸びていない**場所を選定する（教則 5.2.1「離着陸時の操作」（3）離着陸時に特に注意すべき事項（飛行機）1）離着陸地点の選定）。

b. ✕ 離着陸の方向は**向かい風**を選ぶのが原則である（教則 5.2.1（3）1））。

c. ◯ 風速を考慮し適切なパワーをかけて**エレベーター**による上昇角度をとり離陸する（教則 5.2.1（3）2））。

---

**正答 b**

a. ◯ 手動操縦は無人航空機を**精細**に制御できる反面、操縦経験の浅い操縦士が操作を行うと様々な要因で意図しない方向に飛行してしまう場合がある（教則 5.2.2「手動操縦及び自動操縦」（3）手動操縦におけるヒューマンエラーの傾向）。

b. ✕ 手動操縦の場合、機体と操縦者との距離が**離れる**と、機体付近の障害物などとの距離差が掴みにくくなり接触しやすい状況となる（教則 5.2.2（3））。

c. ◯ **リスク回避**には、機体をあらゆる方向に向けても確実に意図した方向や

高度に**制御**できる訓練や、指定された距離での**着陸訓練**などが有効となる（教則 5.2.2 (3)）。

## 問題 42　正答 a

a.　○　ヒューマンエラーに対処するためには、全ての利用可能な人的リソース、ハードウェア及び情報を活用した「**CRM（Crew Resource Management）**」というマネジメント手法が効果的である（教則 5.4.1「CRM（Crew Resource Management」)。

b.　✕　CRM を実現するために「**TEM（Threat** and Error Management）」という手法が取り入れられている（教則 5.4.1）。

c.　✕　CRM を効果的に機能させるための能力は、状況認識、意思決定、ワークロード管理、チームの体制構築、コミュニケーションといった**ノンテクニカルスキル**である（教則 5.4.1）。

## 問題 43　正答 c

a.　○　飛行計画では、無人航空機の**飛行経路・飛行範囲**を決定し、無人航空機を運航するにあたって、自治体など各関係者・権利者への**周知**や**承諾**が必要となる場合がある（教則 6.1.2「飛行計画」(1) 飛行計画策定時の確認事項）。

b.　○　離着陸場は人の**立ち入り**や**騒音**、**コンパスエラー**の原因となる構造物が**ないか**などに留意する（教則 6.1.2 (1)）。

c.　✕　着陸予定地点に着陸できないときに、離陸地点まで戻るほどの飛行可能距離が確保できないなどのリスクがある場合、別途**事前に**緊急着陸地点を確保しておくべきである（教則 6.1.2 (1)）。

a. 〇　無人航空機の飛行にあたって、**リスク評価**とその結果に基づく**リスク軽減策**の検討は、安全確保上**非常に重要**である（教則 6.1.5「無人航空機の運航リスクの評価」）。

b. ✕　運航形態に応じ、事故等につながりかねない具体的な「ハザード」を可能な限り多く特定し、それによって生じる「リスク」を評価したうえで、**リスク**を許容可能な程度まで低減する（教則 6.1.5）。

c. ✕　リスクを**低減**するためには、①事象の発生確率を低減するか、②事象発生による被害を軽減するか、の**両方**を検討したうえで必要な対策をとる（教則 6.1.5）。

　風の天気記号は、天気記号に付いた矢の向きが**風向**を表す。また、風が吹いてくる方向に矢が突き出しており、観測では 16 又は 36 方位を用いているが、予報では 8 方位で表す。風力は 0 ～ 12 までの 13 階級で表す。よって、誤っているものは c である（教則 6.2.1「気象の重要性及び情報源」(3) 天気図の見方 2）風）。

●風力の記号

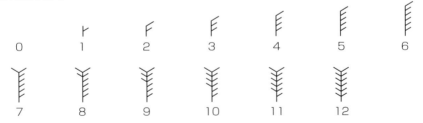

風力は 0 ～ 12 までの階級があり、天気図をみる上で重要な記号です。

## 問題46　正答 a

a．○　日本の天気を支配するのは冬の**シベリア高気圧**と夏の**太平洋高気圧**であり、**春と秋**は両高気圧の勢力が**入れ替わる**ときである（教則 6.2.1「気象の重要性及び情報源」(3) 大気凶の見方 9) 春と秋の天気）。

b．✕　春と秋は前線が停滞し、広い範囲に悪い天気をもたらし、1週間くらい雨が降り続き、**低い**雲高や視程障害をもたらす（教則 6.2.1 (3) 9)）。

c．✕　温度や湿度の異なる気団（空気の塊）が出会った場合、二つの気団はすぐには混ざらないで**境界**ができる。**境界**が地表と接するところを**前線**という（教則 6.2.1 (3) 10) 前線）。

## 問題47　正答 c

a．○　**風向**は、風が吹いてくる方向で、例えば、**北の風**とは**北**から**南**に向かって吹く風をいう（教則 6.2.2「気象の影響」(1) 安全な飛行のために知っておくべき気象現象 2) 風 b. 風向）。

b．○　**風向**は 360 度を **16 等分**し、北から時計回りに**北→北北東→北東→東北東→東**のように表す（教則 6.2.2 (1) 2) b.）。

c．✕　風は必ずしも一定の強さで吹いているわけではなく、単に風速と言えば、観測時の前 10 分間における平均風速のことをいう（教則 6.2.2 (1) 2) c. 風速）。

## 問題48　正答 a

a．○　無人航空機は、運用可能な動作環境が**具体的に**明示されている（教則 6.2.2「気象の影響」(2) 気象に関する注意事項）。

b．✕　無人航空機は運用可能な範囲内であっても、低温時や高温時には大きな影響を**うける**ことが予想される（教則 6.2.2 (2)）。

c．✕　特に気温の**低い**場合は、バッテリーの持続時間（飛行可能時間）が普段より短くなる可能性があるため、注意が必要である（教則 6.2.2 (2)）。

## 問題49　正答 b

a. ○　**回転翼航空機**（ヘリコプター）は、**前進**させながら**上昇**させた方が必要パワーを**削減**できるため、**垂直上昇は避ける**ことが望ましい（教則6.3.2「回転翼航空機（ヘリコプター）」(1) 回転翼航空機（ヘリコプター）の運航の特徴）。

b. ✕　山間部又は斜面に沿って**回転翼航空機**（ヘリコプター）を飛行させる場合、吹き下ろし風が強いと**上昇**できない場合があり、注意が必要である（教則6.3.2 (1)）。

c. ○　**垂直降下**又は**降下**を伴う**低速前進時**は、ボルテックス・リング・ステートとなり、急激に高度が**低下**し回復**できない**危険性がある（教則6.3.2 (1)）。

## 問題50　正答 b

a. ✕　飛行経路全体を把握し、安全が確認できる**双眼鏡**等を有する補助者の配置を推奨する（教則6.4.2「目視外飛行」(1) 目視外飛行の運航 1) 補助者を配置する場合）。

b. ○　**目視外飛行**においては、**自動操縦**システムを装備し、機体に設置した**カメラ**等により機体の外の様子が**監視**できる機能を装備した**無人航空機**を使用する（教則6.4.2 (1) 1)）。

c. ✕　目視外飛行においては、**地上**において、無人航空機の位置及び異常の有無を把握できる機能を装備した無人航空機を使用する（教則6.4.2 (1) 1)）。

# 第 2 回　無人航空機操縦士　二等　学科試験
## 正答一覧

| 1 回目 | 正答数 | 2 回目 | 正答数 |
|---|---|---|---|
| | ／ 50 問 | | ／ 50 問 |

合格基準：正答率 80%（40 ～ 41 問）程度

| 問題 | 正答 | 問題 | 正答 | 問題 | 正答 |
|---|---|---|---|---|---|
| 問題 1 | a | 問題 21 | a | 問題 41 | b |
| 問題 2 | a | 問題 22 | a | 問題 42 | b |
| 問題 3 | a | 問題 23 | a | 問題 43 | a |
| 問題 4 | b | 問題 24 | b | 問題 44 | a |
| 問題 5 | a | 問題 25 | a | 問題 45 | b |
| 問題 6 | c | 問題 26 | a | 問題 46 | a |
| 問題 7 | b | 問題 27 | c | 問題 47 | a |
| 問題 8 | a | 問題 28 | a | 問題 48 | a |
| 問題 9 | c | 問題 29 | c | 問題 49 | c |
| 問題 10 | b | 問題 30 | a | 問題 50 | b |
| 問題 11 | a | 問題 31 | b | | |
| 問題 12 | b | 問題 32 | c | | |
| 問題 13 | a | 問題 33 | c | | |
| 問題 14 | b | 問題 34 | b | | |
| 問題 15 | a | 問題 35 | c | | |
| 問題 16 | b | 問題 36 | a | | |
| 問題 17 | a | 問題 37 | c | | |
| 問題 18 | a | 問題 38 | a | | |
| 問題 19 | a | 問題 39 | b | | |
| 問題 20 | b | 問題 40 | b | | |

注：本書の解答用紙は学習しやすいように準備したものであり、実際の試験は CBT（Computer Based Testing）方式により実施されるため、解答は画面上で行います。

## 問題 1　正答 a

　上空を飛行するという無人航空機の特性から、**衝突**や**墜落**といった事故が発生した場合には、重大な被害を生じさせる可能性がある。実際に、**人への墜落事故**や**航空機**との**接近**等の人命への危険を生じさせるおそれのある事態が発生している（教則 1.「はじめに」）。無人航空機が噴火を誘発するという科学的根拠は**ない**。よって、誤っているものは a である。

## 問題 2　正答 a

a．× 　技能証明の保有者が複数いる場合は、誰が意図する飛行の操縦者なのか**飛行前**に明確にしておくこと（教則 2.1.2「役割分担の明確化」）。

b．○ 　**補助者**を配置する場合は、**役割**を必ず確認し、操縦者との連絡手段の確保など**安全確認**を行うことができる体制としておくこと（教則 2.1.2）。

c．○ 　無人航空機の事故は、**飛行前**の様々な準備不足が直接的又は間接的な原因となっていることが多いことから、**事前**の準備を怠らないこと（教則 2.1.3「準備を怠らない」）。

## 問題 3　正答 a

a．○ 　無人航空機の性能、操縦者や補助者の経験や能力などを考慮して**無理のない**計画を立てる（教則 2.2.1「飛行計画の作成・現地調査」(1) 飛行計画の作成）。

b．× 　近くを飛行するときや飛行経験のある場所を飛行する場合でも、**必ず計画を立てる**（教則 2.2.1 (1)）。

c．× 　飛行計画の作成に当たっては、緊急着陸地点や安全にホバリング・旋回ができる場所の設定等、何かあった場合の対策を**考えておく**（教則 2.2.1 (1)）。

## 問題4 正答 b

　必要に応じてヘルメットや保護メガネなどの保護具を**準備する**。体調が悪い場合は、注意力が**散漫**になり、判断力が**低下**するなど事故の原因となるので、前日に十分な睡眠を**取り**、睡眠不足や疲労が蓄積した状態で操縦しないなど体調管理に努める。よって、正しいものは b である（教則 2.2.6「服装に対する注意」、2.2.7「体調管理」）。

## 問題5 正答 a

a. 〇　飛行が終わった後には、機体に不具合がないか等を**点検**し、使用後の**手入れ**をして次回の飛行に備えることとされている（教則 2.2.10「飛行後の注意」（1）飛行後の点検）。

b. ✕　飛行の終了後には、機体やバッテリー等を安全な状態で、**適切**な場所に保管する（教則 2.2.10（2）適切な保管）。

c. ✕　特定飛行を行った場合には、飛行記録、日常点検記録、点検整備記録を**遅滞なく**飛行日誌（紙又は電子データ）に記載する（教則 2.2.10（3）飛行日誌の作成）。

## 問題6 正答 c

a. 〇　無人航空機の定義における「構造上人が乗ることができないもの」とは、単に人が乗ることができる座席の有無を意味するものではなく、当該機器の概括的な大きさや潜在的な能力を含めた**構造**、**性能**等により判断されることとされている（教則 3.1.1「航空法に関する一般知識」（1）航空法における無人航空機の定義）。

b. 〇　「航空機」とは、人が乗って航空の用に供することができる飛行機、回転翼航空機、滑空機及び飛行船を対象としているため、人が乗り組まないで操縦できる機器であっても、航空機を改造したものなど、航空機に近い構造、性能等を有している場合には、無人航空機ではなく、**航空機**に分類される。この

ように操縦者が乗り組まないで飛行することができる装置を有する航空機を「**無操縦者航空機**」という（航空法2条1項、教則3.1.1（1））。

c．✗　飛行機、回転翼航空機、滑空機及び飛行船のいずれにも該当しない気球やロケットなどは航空機や無人航空機には**該当しない**（教則3.1.1（1））。

## 問題7　正答b

　規制対象となる飛行の方法として、**日没後**から**日出**までの夜間飛行、操縦者の**目視外**での飛行（**目視外**飛行）、第三者又は第三者の物件との間の距離が**30**メートル未満の飛行がある。よって、正しいものは**b**である（教則3.1.1「航空法に関する一般知識」（2）無人航空機の飛行に関する規制概要　2）規制対象となる飛行の空域及び方法（特定飛行）b．規制対象となる飛行の方法）。

## 問題8　正答a

a．○　特定飛行においては、使用する機体及び操縦する者の技能について、国があらかじめ基準に適合していることを確認したことを証明する「**機体認証**」及び「**技能証明**」に関する制度が設けられている（航空法132条の13、132条の40）。

b．✗　機体認証及び技能証明については、無人航空機の飛行形態のリスクに応じ、カテゴリーⅢ飛行に対応した第一種機体認証及び一等無人航空機操縦士、カテゴリーⅡ飛行に対応した第二種機体認証及び二等無人航空機操縦士と区分されている（教則3.1.1「航空法に関する一般知識」（2）無人航空機の飛行に関する規制概要　4）機体認証及び無人航空機操縦者技能証明）。

c．✗　機体認証のための検査は、国又は登録検査機関が実施し、機体認証の有効期間は、第一種は1年、第二種は3年である（航空法施行規則236条の18）。

## 問題9　正答 c

a．✕　無人航空機は、航空機と同様、空中を飛行する機器であることから、万一の場合には、航空機の航行の安全に重大な影響を及ぼすおそれが**ある**（教則3.1.1「航空法に関する一般知識」(3) 航空機の運航ルール等 1) 無人航空機の操縦者が航空機の運航ルールを理解する必要性）。

b．✕　航空機と無人航空機間で飛行の進路が交差し、又は接近する場合には、**航空機の航行の安全を確保するためにも、無人航空機**側が回避することが妥当であり、**航空機**は、**無人航空機**に対して進路権を有する（教則3.1.1 (3) 1)）。

c．◯　我が国においても無人航空機と航空機の接近事案や無人航空機により空港が閉鎖される事案などが発生しており、ひとたび航空機に事故が発生した場合には甚大な被害が生じるおそれがあることから、航空機と同じ空を飛行させる**無人航空機の操縦者も航空機の運航ルール**を十分に理解することが極めて重要である（教則3.1.1 (3) 1)）。

## 問題10　正答 b

a．◯　無人航空機は、高度 **150 メートル**以上又は**空港**周辺の空域の飛行は原則**禁止**されているが、航空機の空域との**分離**を図ることにより、安全を確保する（教則3.1.1「航空法に関する一般知識」(3) 航空機の運航ルール等 6) 航空機の空域の**概要**）。

b．✕　無人航空機が禁止空域を飛行する場合には、当該空域を管轄する**航空交通管制機関**と調整し支障の有無を確認したうえで飛行の許可を受ける必要がある（教則3.1.1 (3) 6)）。

c．◯　無人航空機の操縦者は、航空機の空域の特徴や注意点を十分に理解して慎重に飛行し、**航空交通管制機関**等の指示等を遵守する必要がある（教則3.1.1 (3) 6)）。

無人航空機登録制度創設の目的として、事故発生時などにおける**所有者**把握、事故の**原因究明**など**安全確保**上必要な措置、安全上**問題**のある機体の登録を**拒否**し安全を確保することがある。よって、誤っているものは a である（教則 3.1.2「航空法に関する各論」（1）無人航空機の登録　1）無人航空機登録制度の背景・目的）。

**問題 12　正答 b**

a．**○**　あらかじめ国に届け出た**特定区域（リモート ID 特定区域）**の上空で行う飛行であって、無人航空機の飛行を監視するための補助者の配置、区域の範囲の明示などの**必要な措置**を講じた上で行う飛行の場合、リモート ID 機能の搭載が**免除**される（航空法施行規則 236 条の 6 第 2 項 1 号）。

b．**✕**　十分な強度を有する紐など（長さが **30** m 以内のもの）により係留して行う飛行の場合、リモート ID 機能の搭載が免除される（同法施行規則 236 条の 6 第 2 項 2 号）。

c．**○**　警察庁、都道府県警察又は海上保安庁が**警備**その他の特に**秘匿**を必要とする業務のために行う飛行の場合、リモート ID 機能の搭載が**免除**される（同法施行規則 236 条の 6 第 2 項 3 号）。

**問題 13　正答 a**

a．**○**　国土交通省、防衛省、警察庁、都道府県警察又は地方公共団体の消防機関その他の関係機関の使用する航空機のうち**捜索**、**救助**その他の**緊急用務**を行う航空機の飛行の安全を確保するため、**国土交通省**が**緊急用務**を行う航空機が飛行する空域のことを「**緊急用務空域**」という（航空法施行規則 236 条の 71 第 1 項 4 号）。

b．**✕**　緊急用務空域では、原則、無人航空機の飛行が禁止される（重量 100 グラム未満の模型航空機も飛行禁止の対象と**なる**）（教則 3.1.2「航空法に関

する各論」(2) 規制対象となる飛行の空域及び方法（特定飛行）の補足事項
等 1) 規制対象となる飛行の空域 b. 緊急用務空域）。

c. ✕ 災害等の規模に応じ、緊急用務を行う航空機の飛行が想定される場合に
は、国土交通省がその都度「緊急用務空域」を指定し、国土交通省のホームペ
ージ・X（旧Twitter）にて公示する（教則 3.1.2 (2) 1) b.）。

## 問題 14 　正答 b

a. 〇 「物件」とは、(a) 中に人が存在することが想定される**機器**、(b) **建築物**
その他の相当の大きさを有する**工作物**等を指す（教則 3.1.2「航空法に関する
各論」(2) 規制対象となる飛行の空域及び方法（特定飛行）の補足事項等 2)
規制対象となる飛行の方法 c. 人又は物件との距離）。

b. ✕ **土地**や**自然物**（樹木、雑草等）などは、「物件」に該当**しない**（教則
3.1.2 (2) 2) c.）。

c. 〇 無人航空機の操縦者は、**多数**の者の集合する**催し**が行われている場所の
上空における飛行が原則**禁止**されている（航空法 132 条の 86 第 2 項 4 号
参照）。

## 問題 15 　正答 a

「物件」として、**住居**や**工場**が該当する。よって、誤っているものは a である（教
則 3.1.2「航空法に関する各論」(2) 規制対象となる飛行の空域及び方法（特定
飛行）の補足事項等 2) 規制対象となる飛行の方法 c. 人又は物件との距離）。

## 問題 16 　正答 b

「物件」として、**信号機**が該当する。よって、正しいものは b である（教則
3.1.2「航空法に関する各論」(2) 規制対象となる飛行の空域及び方法（特定飛
行）の補足事項等 2) 規制対象となる飛行の方法 c. 人又は物件との距離）。
　※次ページの図を参照。

●人又は物件から30m未満の飛行の禁止

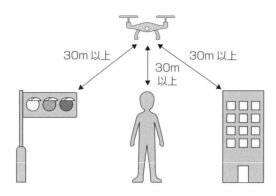

30m以上　　30m以上
30m
以上

　「多数の者の集合する催し」として、**屋外で開催されるコンサート**が該当する。よって、正しいものは a である（教則 3.1.2「航空法に関する各論」(2) 規制対象となる飛行の空域及び方法（特定飛行）の補足事項等 2) 規制対象となる飛行の方法 d. 催し場所上空）。

　「危険物」として、**放射性物質**が該当する。よって、正しいものは a である（教則 3.1.2「航空法に関する各論」(2) 規制対象となる飛行の空域及び方法（特定飛行）の補足事項等 2) 規制対象となる飛行の方法 e. 危険物の輸送）。

a．○　**国や地方公共団体**又はこれらから依頼を受けた者が、事故、災害等に際し、**捜索、救助**等の**緊急性**のある目的のために無人航空機を飛行させる場合には、特例として飛行の空域及び方法の規制が**適用されない**（航空法 132 条の92、同法施行規則 236 条の 88、236 条の 89）。

b．✕　災害時の対応であっても、国や地方公共団体にかかわらない独自の活動

にあっては、特例の対象とは**ならず**、国の飛行の**許可・承認**などの手続き等が必要となる（教則 3.1.2「航空法に関する各論」（2）規制対象となる飛行の空域及び方法（特定飛行）の補足事項等 3）規制対象となる飛行の空域及び方法の例外 a．捜索、救助等のための特例）。

c．✕　地表又は水面から **150** メートル以上の高さの空域に関しては、航空機の空域と分離する観点から原則として飛行が禁止されている（教則 3.1.2（2）3）b.高度 150 メートル以上の空域の例外）。

## 問題 20　正答 b

a．〇　「アルコール」とはアルコール**飲料**やアルコールを含む**食べ物**を指し、「薬物」とは**麻薬**や**覚せい剤**等の規制薬物に限らず、**医薬品**も含まれる（教則 3.1.2「航空法に関する各論」（3）無人航空機の操縦者等の義務 1）無人航空機の操縦者が遵守する必要がある運航ルール a.アルコール又は薬物の影響下での飛行禁止）。

b．✕　アルコールによる身体への影響は、個人の体質やその日の体調により異なるため、体内に保有するアルコールが**微量**であっても無人航空機の正常な飛行に**影響**を与えるおそれがある。よって、体内に保有する**アルコール濃度**の程度に**かかわらず**体内にアルコールを保有する状態では無人航空機の飛行を**行ってはならない**（教則 3.1.2（3）1）a．）。

c．〇　無人航空機が飛行に**支障がない**ことその他飛行に必要な**準備**が整っていることを確認した後において飛行させること（教則 3.1.2（3）1）b.飛行前の確認）。

## 問題 21　正答 a

飛行前の確認事項として、**飛行空域**や**周囲**の地上又は水上の**人**（第三者の有無）又は**物件**（障害物等の有無）等が該当する。よって、正しいものは a である（教則 3.1.2「航空法に関する各論」（3）無人航空機の操縦者等の義務 1）無人航空機の操縦者が遵守する必要がある運航ルール b.飛行前の確認）。

## 問題 22 　正答 a

a. ✗　飛行前において、航行中の航空機を確認した場合には、飛行を**行わない**こと（教則 3.1.2「航空法に関する各論」（3）無人航空機の操縦者等の義務 1）無人航空機の操縦者が遵守する必要がある運航ルール c.航空機又は他の無人航空機との衝突防止）。

b. 〇　飛行中の他の**無人航空機**を確認した場合には、飛行日時、飛行経路、飛行高度等について、他の**無人航空機**を飛行させる者と**調整**を行うこと（教則 3.1.2（3）1）c.）。

c. 〇　**飛行中**において、航行中の**航空機**を確認した場合には、**地上に降下**させるなど、接近又は衝突を**回避**するための**適切な措置**を取ること（教則 3.1.2（3）1）c.）。

## 問題 23 　正答 a

重大インシデントとして、無人航空機の**制御が不能**となった事態が該当する。しかし、無人航空機の**施錠失念**や無人航空機の**電波受信**は該当しない。よって、正しいものは a である（教則 3.1.2「航空法に関する各論」（3）無人航空機の操縦者等の義務 1）無人航空機の操縦者が遵守する必要がある運航ルール f. 事故等の場合の措置 イ）重大インシデントの報告）。

## 問題 24 　正答 b

a. ✗　学科試験に合格しなければ、実地試験を受ける**ことができない**（航空法 132 条の 47 第 3 項）。

b. 〇　技能証明試験に関して**不正**の行為が認められた場合には、当該**不正**行為と関係のある者について、その試験を**停止**し、又はその合格を**無効**にすることができる（同法 132 条の 49 第 1 項）。

c. ✗　技能証明の更新を申請する者は、「登録更新講習機関」が実施する無人航空機更新講習を有効期間の更新の申請をする日以前 3 月以内に修了したうえ

で、有効期間が満了する日以前6月以内に国土交通大臣に対し技能証明の更新を申請しなければならない（同法132条の51第3項、同法施行規則236条の56、236条の57）。

## 問題25　正答 a

●航空法令に違反した場合の罰則

| 50万円以下の罰金 | ・登録記号の表示又はリモートIDの搭載をせずに飛行させたとき<br>・規制対象となる飛行の区域又は方法に違反して飛行させたとき<br>・飛行前の確認をせずに飛行させたとき<br>・航空機又は他の無人航空機との衝突防止をしなかったとき<br>・他人に迷惑を及ぼす飛行を行ったとき<br>・機体認証で指定された使用の条件の範囲を超えて特定飛行を行ったとき 等 |
|---|---|
| 30万円以下の罰金 | ・飛行計画を通報せずに特定飛行を行ったとき<br>・事故が発生した場合に報告をせず、又は虚偽の報告をしたとき 等 |
| 10万円以下の罰金 | ・技能証明を携帯せずに特定飛行を行ったとき<br>・飛行日誌を備えずに特定飛行を行ったとき<br>・飛行日誌に記載せず、又は虚偽の記載をしたとき |

　よって、誤っているものはaである（航空法157条の9第12号、10第10号、11第1号）。

## 問題26　正答 a

a．○　警察官等は、小型無人機等飛行禁止法の規定に違反して小型無人機等の飛行を行う者に対し、機器の退去その他の必要な措置をとることを命ずることができる（小型無人機等飛行禁止法11条1項）。

b．✕　警察官等は、小型無人機等飛行禁止法の規定に違反して小型無人機等の

飛行を行う者に対し、**やむを得ない**限度において、小型無人機等の飛行の妨害、破損その他の必要な措置をとることができる（同法 11 条 2 項）。

c.　✗　対象施設の敷地・区域の上空（レッド・ゾーン）で小型無人機等の飛行を行った者及び警察官等の命令に違反した者は、1 年以下の懲役又は 50 万円以下の罰金に処せられる（同法 13 条）。

## 問題 27　正答 c

a.　〇　飛行機は回転翼航空機と比べ**高速**飛行、**長時間**飛行、**長距離**飛行が可能であるが、一般に、安全に飛行できる**最低速度**が決められており、それ未満での低速飛行が**できない**（教則 4.1.2「飛行機」(1) 機体の特徴）。

b.　〇　飛行機は適切な機体設計によって**無操縦・無制御**でも飛行安定が達成でき、仮に故障などによって飛行中に推力を失っても**滑空飛行状態**になれば、すぐには墜落**しない**とされている（教則 4.1.2 (1)）。

c.　✗　飛行機はエレベーター（上下ピッチ方向）、エルロン（左右ロール方向）、**ラダー（左右ヨー方向）**、**スロットル（推進パワー）**の複合的な操縦で飛行するとされている（教則 4.1.2 (1)）。

●飛行機の操縦

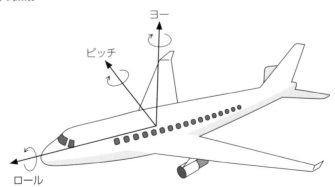

## 問題 28　正答 a

a．〇　回転翼航空機（マルチローター）は機体重量と揚力が釣り合い、対地高度が安定した状態を継続すると**ホバリング**となる（教則 4.1.4「回転翼航空機（マルチローター）」(1) 機体の特徴 1) 上昇、ホバリング、降下）。

b．✕　回転翼航空機（マルチローター）の機体の前後左右移動は、その指示した側のローターの回転数を**下げ**、反対側のローター回転数を**上げる**ことで機体が傾き、ロ一タ一推力の合力が、指示した方向に傾くので、傾いた方向に機体が移動する（教則 4.1.4 (1) 2) 前後、左右移動）。

c．✕　回転翼航空機（マルチローター）のローターの反トルクバランスを崩すと機体の**水平**回転が始まる（教則 4.1.4 (1) 3) 水平回転）。

## 問題 29　正答 c

a．✕　航空機からの視認性を高める**灯火**、**塗色**は、目視外飛行において、補助者を配置しない場合に追加する必要のある装備である。（教則 4.2.2「目視外飛行」(2) 目視外飛行のために必要な装備）。

b．✕　**第三者**に危害を加えないことを、製造事業者等が証明した機能は、目視外飛行において、補助者を配置しない場合に追加する必要のある装備である。（教則 4.2.2 (2)）。

c．〇　計画上の**飛行経路**と飛行中の機体の**位置**の**差**を把握できる操縦装置は、目視外飛行において、補助者を配置しない場合に追加する必要のある装備である（教則 4.2.2 (2)）。

第2回

a．✗　**ジャイロ**センサは、単位時間当たりの回転角度の変化を検出する装置であり、これにより、風などで機体が傾いたときに、無人航空機の傾きや向きの変化を検出し、フライトコントロールシステムに情報を伝える（教則 4.4.1「フライトコントロールシステム」（2）無人航空機の飛行に用いられる各種センサの原理及び使用環境 1）ジャイロセンサ）。

b．〇　**加速度**センサは**3次元**の慣性運動（直行**3軸**方向の並進運動）を検出する装置であり、無人航空機の**速度**の変化量を検出するセンサである（教則 4.4.1（2）2）加速度センサ）。

c．〇　**地磁気**センサは、地球の**磁力**を検出して**方位**を測定する（教則 4.4.1（2）3）地磁気センサ）。

●電気・電子用語

| エネルギー容量 | Wh | 容量と同様に、電流や温度によってエネルギー容量は変化**する** |
|---|---|---|
| 充電率 | % | 満充電で放電できる電気量と現時点で放電できる電気量の**比率**を表す |
| 充電率 | % | 0% は仕様上の**完全放電**状態を、100% は**満充電**状態を表す |

　よって、正しいものは b である（教則 4.4.2「無人航空機の主たる構成要素」（1）無人航空機で使われる電気・電子用語）。

## 問題 32　正答 c

a．✕　リチウムポリマーバッテリーの充電器は満充電になると充電を停止するが、過充電**となる**場合がある（教則 4.4.4「機体の動力源」(2) バッテリーの種類と特徴 2) リチウムポリマーバッテリーの取り扱い上の注意点）。

b．✕　リチウムポリマーバッテリーは過放電や過充電を行うと、**急速に**劣化が進み、寿命が短くなる（教則 4.4.4 (2) 2)）。

c．〇　リチウムポリマーバッテリーが強い衝撃を受けた場合、**発火**する可能性がある（教則 4.4.4 (2) 2)）。

## 問題 33　正答 c

a．〇　送信アンテナから放射された電波が山や建物などによる**反射、屈折**等により複数の経路を通って伝搬される現象を**マルチパス**という（教則 4.5.1「電波」(1) 電波の特性 2) マルチパス）。

b．〇　**反射屈折**した電波は、到達するまでにわずかな遅れを生じ、一時的に**操縦不能**になる要因の一つとなっている（教則 4.5.1 (1) 2)）。

c．✕　マルチパスによって電波が弱くなり一時的に操縦不能になった場合は、送信機をできるだけ**高い**位置に持ち、アンテナの向きを変えて操縦の復帰を試みる（教則 4.5.1 (1) 2)）。

## 問題 34　正答 b

a．✕　**自動操縦**では**手動操作**よりも高精度な GNSS 測位が必要である（教則 4.5.3「GNSS」(3) GNSS を使用した飛行における注意事項）。

b．〇　**受信機**は、周囲の**地形**や**障害物**の状況を考慮して設置する必要がある（教則 4.5.3 (3)）。

c．✕　一般的に位置精度は、水平方向に比べ高度方向の誤差が**大きく**なる（教則 4.5.3 (3)）。

## 問題 35　正答 c

a．○　満充電の状態での保管又は飛行後の**放電状態**での保管は、電池の**劣化**が進みやすく電池が**膨らみ**、使用不可になることが多いので行わないこと（教則 4.6.1「電動機における整備・点検・保管・交換・廃棄」(2) リチウムポリマーバッテリーの保管方法）。

b．○　**短絡**すると**発火**する危険があるため、バッテリー端子が**短絡**しないように細心の注意を払うこと（教則 4.6.1 (2)）。

c．✕　バッテリーを高温 (**35℃ 超**) になる環境で保管しないこと（教則 4.6.1 (2)）。

## 問題 36　正答 a

　**飛行前**の準備として行う操縦者の確認項目には、**技能証明**の等級・限定・条件及び有効期間、操縦者の**操縦**能力、飛行**経験**、訓練状況等がある。よって、正しいものは a である（教則 5.1.2「運航時の点検及び確認事項」(2) 運航者がプロセスごとに行うべき点検）。

## 問題 37　正答 c

　飛行前の点検項目には、**燃料**の**搭載量**又は**バッテリー**の**充電量**は十分か、**通信**系統、**推進**系統、**電源**系統及び**自動制御**系統は**正常**に作動するか否か、**リモート ID** 機能が正常に作動しているか等がある。よって、誤っているものは c である（教則 5.1.2「運航時の点検及び確認事項」(2) 運航者がプロセスごとに行うべき点検）。

## 問題 38　正答 a

a．✕　ガソリンは危険物に該当するため、乗用車等で運搬する場合には、消防法で定められた **22** リットル以下の専用の容器で運搬することが必要である

（教則 5.1.2「運航時の点検及び確認事項」（3）ガソリンエンジンで駆動する機体の注意事項）。

b．〇 エンジン駆動の場合には機体の振動が大きいため、ネジ類の**緩み**などを特に注意して点検する必要がある（教則 5.1.2（3））。

c．〇 ペイロード投下場所に補助者を配置しない場合、物件投下を行う際の高度は 1m 以内である必要がある（教則 5.1.2（4）ペイロードを搭載あるいは物件投下時における注意事項）。

## 問題 39　正答 b

a．✕ 降下を継続し着陸を行う際には、対地高度に応じて降下速度を**減少**させる（教則 5.2.1「離着陸時の操作」（1）離着陸時に特に注意すべき事項（回転翼航空機（マルチローター））4）着陸）。

b．〇 **緊急時**には GNSS 受信装置による機体位置推定機能を使用**しない**機体操作が求められる（教則 5.2.1（1）5）GNSS を使用しない操作）。

c．✕ ホバリング中 GNSS 受信機能を無効にすると、機体周辺の気流の影響で水平位置が不安定となるため、エレベーター操作及び**エルロン**操作により水平位置を安定させホバリング飛行を維持させる（教則 5.2.1（1）6）GNSS を使用しないホバリング）。

## 問題 40　正答 b

a．〇 **向かい風方向に滑走できるエリアを確保できたら着陸操縦**に入る（教則 5.2.1「離着陸時の操作」（3）離着陸時に特に注意すべき事項（飛行機）3）着陸方法）。

b．✕ 地面に近づくにつれ、降下速度を**遅く**し、滑空着陸による衝撃を抑えること（教則 5.2.1（3）3））。

c．〇 **目測**の誤りにより滑走路を**逸脱**することがあるので、厳重に注意が必要である（教則 5.2.1（3）3））。

## 問題 41 　正答 b

　自動操縦から手動操縦に切り替えた場合には、急な航行速度の**低下**や**失速**に備えた操作準備、障害物への接近を避けるための**機体方向**の確認、**ホバリング**しての機体の安定性や周囲の安全の確認等が必要である。よって、正しいものは b である（教則 5.2.2「手動操縦及び自動操縦」（4）自動操縦と手動操縦の切り替えにおける操作上の注意と対応）。

## 問題 42 　正答 b

a．○　**補助者**は、離着陸場所や飛行経路周辺の地上や空域の**安全確認**を行うほか、飛行前の事前確認で明らかになった**障害物**等の対処について手順に従い作業を行う（教則 5.4.2「安全な運航のための補助者の必要性、役割及び配置」）。

b．✕　操縦者とのコミュニケーションは**予め決められた**手段を用いて行い、危険予知の警告や緊急着陸地点への誘導、着陸後の機体回収や安全点検の補助も行う（教則 5.4.2）。

c．○　無人航空機の飛行経路や範囲に応じ**補助者**の**数**や**配置**、各人の担当範囲や役割、異常運航時の対応方法も決めておく必要がある（教則 5.4.2）。

## 問題 43 　正答 a

a．○　飛行経路の設定は**高圧電線**などの電力施設が近くにないか、**緊急用務空域**に当たらないか、**ドクターヘリ**などの航空機の往来がないかなどを考慮に入れる必要がある（教則 6.1.2「飛行計画」（1）飛行計画策定時の確認事項）。

b．✕　飛行計画の**全て**の工程において安全管理が優先され、離陸前、離陸時、計画経路の飛行、着陸時、着陸後の状況に応じた安全対策を講じ、飛行の目的を果たす飛行計画の策定が求められる（教則 6.1.2（1））。

c．✕　飛行計画策定時は、機体の物理的障害や飛行範囲特有の現象、制度面での規制、**事前**に予想しうる状況の変化などを想定した確認事項の作成が求められる。**事後**ではなく**事前**である（教則 6.1.2（1））。

## 問題 44　正答 a

a．✕　「当該無人航空機及びその周囲の状況を**目視**により常時監視して飛行させること。」と規定されている（航空法 132 条の 86 第 2 項 2 号）。

b．〇　安全な飛行を実施するためには、まず一般的な**天気予報**だけではなく、どのような**気象情報**や**予報**が提供されているかを理解する必要がある（教則 6.2.1「気象の重要性及び情報源」（1）無人航空機における気象の重要性）。

c．〇　自らの作業内容、時間、環境に応じて、雲や視程障害、風向風速及び降水等、自ら行う飛行に影響する**気象情報**を適切に入手、分析して、離陸から着陸に至るまで支障のある**気象状況**にならないことを確認した**後**に飛行を開始しなければならない（教則 6.2.1（1））。

## 問題 45　正答 b

a．✕　気温は天気記号の左上の数字で、**摂氏**の度数を表している。華氏ではなく**摂氏**である（教則 6.2.1「気象の重要性及び情報源」（3）天気図の見方 3）気温）。

b．〇　大気の圧力を**気圧**といい、単位はヘクトパスカル（hPa）で標準大気圧（1 気圧）は、**1013**hPa である（教則 6.2.1（3）4）気圧）。

c．✕　気圧の等しい点を結んだ線を等**圧**線という。等**高**線ではなく等**圧**線である（教則 6.2.1（3）5）等圧線）。

## 問題 46 　正答 a

a．✕　寒冷前線があると、発達した**積乱**雲により、突風や**雷**を伴い**短**時間で断続的に**強い**雨が降る（教則 6.2.1「気象の重要性及び情報源」(3) 天気図の見方 10) 前線 a. 寒冷前線）。

b．○　寒冷前線が接近してくると、**南**から**南東**よりの風が通過後は、風向きが急変し、**西**から**北西**よりの風に変わり、気温が**下がる**（教則 6.2.1 (3) 10) a.）。

c．○　温暖前線があると層状の**厚い**雲が段々と広がり、近づくと気温、湿度は次第に**高く**なり、時には雷雨を伴うときもあるが、**弱い**雨が**絶え間なく**降る（教則 6.2.1 (3) 10) b. 温暖前線）。

●前線の種類

温暖前線　　　　　　　　　　寒冷前線

閉そく前線　　　　　　　　　停滞前線

## 問題 47 　正答 a

平均風速の最大値を**最大風速**、瞬間風速の最大値を**最大瞬間風速**という。

また、風は地面の摩擦を受けるため、一般的に上空では**強く**、地表に近づくにつれて**弱く**なる。一般に地表の粗度が大きいほど、高さによる風速の変化は**大き**くなる。よって、正しいものは a である（教則 6.2.2「気象の影響」(1) 安全な飛行のために知っておくべき気象現象 2) 風 c. 風速）。

## 問題 48 　正答 a

a．✕　地表面が暖められると**上昇**気流が発生するため、広い面積の太陽光パネルやアスファルト・コンクリートの地面が多い市街地は注意が必要である（教則 6.2.2「気象の影響」(2) 気象に関する注意事項）。

b．○　広い運動場のような場所では、強い日射により**上昇気流**がおこり**つむじ風**が発生する可能性がある（教則 6.2.2 (2)）。

c．○　安全のため**気象条件**を考慮した判断をする場合、降雨時、降雪時、霧の発生時や雷鳴が聞こえる時は飛行の**延期**や**中止**が望ましい（教則 6.2.3「安全のための気象状況の確認及び飛行の実施の判断」(1) 気象状況の把握と飛行の実施の判断）。

## 問題 49　正答 c

a．×　**前進**させながら降下することは、ボルテックス・リング・ステートの予防に有効である（教則 6.3.2「回転翼航空機（ヘリコプター）」(1) 回転翼航空機（ヘリコプター）の運航の特徴）。

b．×　オートローテーション機構を装備している機体は、動力が停止しても軟着陸が**可能**である（教則 6.3.2 (1)）。

c．○　オートローテーションに入るためには必要な**操作**、**飛行高度範囲**及び**速度範囲**がある（教則 6.3.2 (1)）。

## 問題 50　正答 b

a．○　**電波断絶**の場合に、**離陸地点**まで**自動的**に戻る機能又は**電波**が復帰するまでの間、**空中**で**位置**を**継続的**に維持する機能がある（教則 6.4.2「目視外飛行」(1) 目視外飛行の運航 1) 補助者を配置する場合）。

b．×　GNSS の電波に異常が見られる場合に、その機能が復帰するまでの間、空中で位置を**継続的**に維持する機能、安全な**自動着陸**を可能とする機能又は GNSS 等以外により位置情報を取得できる機能がある（教則 6.4.2 (1) 1)）。

c．○　電池の電圧、容量又は温度等に異常が発生した場合に、**発煙**及び**発火**を防止する機能並びに**離陸地点**まで**自動的**に戻る機能又は安全な**自動着陸**を可能とする機能がある（教則 6.4.2 (1) 1)）。

# 第３回　無人航空機操縦士　二等　学科試験 正答一覧

| 1回目 | 正答数 / 50 問 | 2回目 | 正答数 / 50 問 |
|---|---|---|---|

合格基準：正答率 80%（40 ～ 41 問）程度

| 問題 | 正答 | 問題 | 正答 | 問題 | 正答 |
|---|---|---|---|---|---|
| 問題 1 | c | 問題 21 | a | 問題 41 | b |
| 問題 2 | b | 問題 22 | a | 問題 42 | a |
| 問題 3 | a | 問題 23 | a | 問題 43 | a |
| 問題 4 | b | 問題 24 | b | 問題 44 | b |
| 問題 5 | a | 問題 25 | b | 問題 45 | b |
| 問題 6 | a | 問題 26 | a | 問題 46 | c |
| 問題 7 | a | 問題 27 | b | 問題 47 | c |
| 問題 8 | a | 問題 28 | c | 問題 48 | a |
| 問題 9 | c | 問題 29 | c | 問題 49 | c |
| 問題 10 | a | 問題 30 | a | 問題 50 | b |
| 問題 11 | c | 問題 31 | b | | |
| 問題 12 | a | 問題 32 | c | | |
| 問題 13 | c | 問題 33 | c | | |
| 問題 14 | c | 問題 34 | b | | |
| 問題 15 | c | 問題 35 | a | | |
| 問題 16 | a | 問題 36 | a | | |
| 問題 17 | b | 問題 37 | c | | |
| 問題 18 | c | 問題 38 | c | | |
| 問題 19 | b | 問題 39 | c | | |
| 問題 20 | c | 問題 40 | b | | |

注：本書の解答用紙は学習しやすいように準備したものであり、実際の試験は CBT（Computer Based Testing）方式により実施されるため、解答は画面上で行います。

## 問題 1　正答 c

　無人航空機操縦者技能証明制度を構成する試験には**学科試験**、**実地試験**、**身体検査**がある。**肺活量**は検査項目に入って**いない**。よって、誤っているものは c である（教則 1.「はじめに」）。

## 問題 2　正答 b

a．✕　**レクリエーション**目的で飛行する場合でも、業務のために飛行する場合でも、安全に飛行するためのルールに関する情報、リソース、ツールを入手する（教則 2.1.3「準備を怠らない」）。

b．〇　無人航空機操縦に当たっては、安全のために、**法令**や**ルール**を遵守する（教則 2.1.4「ルール・マナーの遵守」）。

c．✕　航空機と無人航空機との間で飛行の進路が交差し、又は接近する場合には、航空機の航行の安全を確保するため、**無人航空機**側が回避する行動をとる（教則 2.1.4）。

## 問題 3　正答 a

a．✕　計画は、ドローン情報基盤システム（飛行計画通報機能）に事前に通報する。ただし、あらかじめ通報することが困難な場合には**事後**に通報してもよい（教則 2.2.1「飛行計画の作成・現地調査」（1）飛行計画の作成）。

b．〇　現地調査の項目として、**日出**や**日没**の時刻等がある（教則 2.2.1（2）飛行予定地域や周辺施設の調査）。

c．〇　現地調査の項目として、**標高**（海抜高度）、**障害物**の位置、**目標物**等がある（教則 2.2.1（2））。

第3回

## 問題 4　正答 b

　特定飛行を行う際には、原則として、**許可書又は承認書**の原本又は写し、**技能証明書**、**飛行日誌**を携行（携帯）する。よって、誤っているのは b である（教則 2.2.8「技能証明書等の携帯」）。

## 問題 5　正答 a

a. ✕　特定飛行に該当しない飛行の場合でも、飛行日誌に**記載する**ことが望ましい（教則 2.2.10「飛行後の注意」(3) 飛行日誌の作成）。

b. 〇　リスクに対する対応が**不十分**と感じた場合は、**今後**の飛行に備えた記録も行うことが望ましい（教則 2.2.10 (3)）。

c. 〇　事故を起こした場合、慌てず落ち着いて、ケガの有無や、ケガの程度など、人の安全確認を第一に行う（教則 2.3.1「事故を起こしたら」）。

## 問題 6　正答 a

a. 〇　無人航空機は「遠隔操作又は自動操縦により飛行させることができるもの」とされているため、例えば、**紙飛行機**など遠隔操作又は自動操縦により制御できないものは、無人航空機には該当**しない**（教則 3.1.1「航空法に関する一般知識」(1) 航空法における無人航空機の定義）。

b. ✕　「重量」とは、**無人航空機本体**の重量及び**バッテリー**の重量の合計を指しており、バッテリー以外の取り外し可能な付属品の重量は**含まない**（教則 3.1.1 (1)）。

c. ✕　100 グラム未満のものは、無人航空機ではなく、「**模型**航空機」に分類される（教則 3.1.1 (1)）。

## 問題7　正答 a

規制対象となる飛行の方法として、祭礼、縁日、展示会など**多数**の者の集合する催しが行われている場所の上空での飛行、**爆発物**など**危険物**の輸送、無人航空機からの**物件**の投下がある。よって、誤っているものは **a** である（教則 3.1.1「航空法に関する一般知識」(2) 無人航空機の飛行に関する規制概要 2) 規制対象となる飛行の空域及び方法（特定飛行）b．規制対象となる飛行の方法）。

## 問題8　正答 a

a．✕　技能証明のための試験は、指定試験機関が実施し、技能証明の有効期間は、一等及び二等ともに**3**年である（航空法 132 条の 51 第 1 項）。

b．◯　カテゴリーⅡ B 飛行に関しては、技能証明を受けた者が機体認証を受けた無人航空機を飛行させる場合には、特段の手続き等**なく**飛行可能である（教則 3.1.1「航空法に関する一般知識」(2) 無人航空機の飛行に関する規制概要 5) 特定飛行を行う場合の航空法上の手続き等 a. カテゴリーⅡ飛行）。

c．◯　カテゴリーⅡ B 飛行の場合、安全確保措置として**飛行マニュアル**を作成し遵守しなければならない（教則 3.1.1 (2) 5) a.）。

## 問題9　正答 c

a．◯　**計器飛行方式**は、航空交通管制機関が与える指示等に**常時**従って行う飛行の方式である（教則 3.1.1「航空法に関する一般知識」(3) 航空機の運航ルール等 2) 計器飛行方式及び有視界飛行方式）。

b．◯　高速で高高度を移動する**旅客機**は、通常は**計器飛行方式**で飛行する（教則 3.1.1 (3) 2)）。

c．✕　高速で高高度を移動する旅客機以外の航空機は、**有視界**飛行方式が**できない**気象状態となった場合には計器飛行方式で飛行**する**（教則 3.1.1 (3) 2)）。

## 問題 10　正答 a

a. ◯　国は、航空交通の安全及び秩序を確保するため、航空交通管制業務を実施する区域（**管制区域**）を設定している（教則 3.1.1「航空法に関する一般知識」（3）航空機の運航ルール等 6）航空機の空域の概要 a. 航空機の管制区域）。

b. ✕　航空交通管制区は、地表又は水面から **200** メートル以上の高さの空域のうち国が指定した空域であり、計器飛行方式により飛行する航空機は航空交通管制機関と常時連絡を取り、飛行の方法等についての指示に従って飛行を行わなければならない（教則 3.1.1（3）6）a.）。

c. ✕　航空交通管制圏は、航空機の離着陸が頻繁に実施される空港等及びその周辺の空域であり、**全て**の航空機が航空交通管制機関と連絡を取り、飛行の方法や離着陸の順序等の指示に従って飛行を行わなければならない（教則 3.1.1（3）6）a.）。

## 問題 11　正答 c

a. ◯　製造者が機体の**安全性**に懸念があるとして回収（**リコール**）しているような機体や、**事故が多発**していることが明らかである機体など、あらかじめ**国土交通大臣**が登録できないものと指定したものは、登録を受けることができない（教則 3.1.2「航空法に関する各論」（1）無人航空機の登録 3）登録を受けることができない無人航空機）。

b. ◯　表面に不要な**突起物**があるなど、地上の人などに衝突した際に安全を著しく損なうおそれのある無人航空機は、登録を受けることができない（航空法施行規則 236 条の 2 第 1 項 2 号）。

c. ✕　遠隔操作又は自動操縦による飛行の制御が**著しく困難**である無人航空機は、登録を受けることができない（同施行規則 236 条の 2 第 1 項 3 号）。

## 問題 12　正答 a

a. ○　無人航空機の登録制度の**施行前**（2022年6月19日）までの事前登録期間中に**登録**手続きを行った無人航空機の場合、リモート ID 機能の搭載が**免除**される（教則 3.1.2「航空法に関する各論」（1）無人航空機の登録 5）リモート ID 機能の搭載の義務）。

b. ✕　リモート ID 機能は、識別情報を電波で遠隔発信するためのものであり（**内蔵型**と**外付型**がある）、当該機器は技術規格書に準拠して開発・製造される（教則 3.1.2（1）6）リモート ID 機器の概要及び発信情報）。

c. ✕　リモート ID 機能により発信される情報には、静的情報として無人航空機の製造番号及び登録記号、動的情報として位置、速度、高度、時刻などの情報が含まれており（所有者や使用者の情報は含まれない）、1秒に1回以上発信される（教則 3.1.2（1）6））。

## 問題 13　正答 c

a. ○　航空法に基づき原則として無人航空機の飛行が禁止されている「空港等の周辺の空域」の一つに、（進入表面等がない）**飛行場**周辺の、航空機の**離陸及び着陸**の安全を確保するために必要なものとして**国土交通大臣**が告示で定める空域がある（教則 3.1.2「航空法に関する各論」（2）規制対象となる飛行の空域及び方法（特定飛行）の補足事項等 1）規制対象となる飛行の空域 a. 空港等の周辺の空域）。

b. ○　無人航空機の操縦者は、飛行を開始する**前**に、当該空域が**緊急用務空域**に該当するか否かの別を確認することが義務付けられている（航空法施行規則236条の71第4項）。

c. ✕　空港等の周辺の空域、地表若しくは水面から 150 m以上の高さの空域又は人口集中地区の上空の飛行許可が**あっても**、緊急用務空域を飛行させることはできない（教則 3.1.2（2）1）b.　緊急用務空域）。

## 問題 14　正答 c

　「物件」として、**自動車**や**鉄道車両**などが該当する。よって、誤っているもの
は c である（教則 3.1.2「航空法に関する各論」（2）規制対象となる飛行の空
域及び方法（特定飛行）の補足事項等 2）規制対象となる飛行の方法 c. 人又は
物件との距離）。

## 問題 15　正答 c

　「物件」として、**倉庫**や**橋梁**などが該当する。よって、誤っているものは c で
ある（教則 3.1.2「航空法に関する各論」（2）規制対象となる飛行の空域及び方
法（特定飛行）の補足事項等 2）規制対象となる飛行の方法 c. 人又は物件との
距離）。

## 問題 16　正答 a

a. 〇　無人航空機の操縦者は、多数の者の集合する催しが行われている場所の
　　　上空における飛行が原則禁止されているが、ここでいう「多数の者の集合する
　　　催し」とは、**特定の場所**や**日時**に開催される**多数**の者が集まるものを指す（教
　　　則 3.1.2「航空法に関する各論」（2）規制対象となる飛行の空域及び方法（特
　　　定飛行）の補足事項等 2）規制対象となる飛行の方法 d. 催し場所上空）。

b. ✕　「多数の者の集合する催し」の該当の有無については、催し場所上空に
　　　おいて無人航空機が落下することにより地上等の人に危害を及ぼすことを防止
　　　するという趣旨に照らし、集合する者の人数や規模だけでなく、**特定の場所**や
　　　**日時**に開催されるかどうかによって**総合的**に判断される（教則 3.1.2（2）2）
　　　d.）。

c. ✕　多数の者の集合する催しが行われている場所の上空における飛行に際し
　　　ては、風速 **5m/s** 以上の場合は飛行を**中止**することや、機体が**第三者**及び**物
　　　件**に接触した場合の危害を**軽減**する構造を用意していることが必要である（教
　　　則 3.1.2（2）2）d.）。

## 問題 17　正答 b

**自然発生的なもの**は「多数の者の集合する催し」に該当**しない**。よって、誤っているものは **b** である（教則 3.1.2「航空法に関する各論」（2）規制対象となる飛行の空域及び方法（特定飛行）の補足事項等 2）規制対象となる飛行の方法 d. 催し場所上空）。

## 問題 18　正答 c

無人航空機の飛行のため当該無人航空機で輸送する物件は、「危険物」の対象から除外されている。除外されているものとして、無人航空機の飛行のために必要な**燃料**や**電池**、業務用機器に用いられる**電池**等がある。火薬類は危険物に該当する。ただし、安全装置のパラシュートを開傘するために必要な火薬類は危険物に該当しない。よって、誤っているものは **c** である（教則 3.1.2「航空法に関する各論」（2）規制対象となる飛行の空域及び方法（特定飛行）の補足事項等 2）規制対象となる飛行の方法 e. 危険物の輸送）。

## 問題 19　正答 b

a.　○　煙突や鉄塔などの**高層**の構造物の周辺は、航空機の飛行が想定されないことから、高度 **150 メートル**以上の空域であっても、当該構造物から **30 メートル**以内の空域については、無人航空機の飛行禁止空域から**除外**されている（教則 3.1.2「航空法に関する各論」（2）規制対象となる飛行の空域及び方法（特定飛行）の補足事項等 3）規制対象となる飛行の空域及び方法の例外 b. 高度 150 メートル以上の空域の例外）。

b.　✕　無人航空機の飛行禁止空域から除外されている空域においても、高層の構造物の関係者による飛行を除き、第三者又は第三者の物件から 30 メートル以内の飛行に該当することから、当該飛行の方法に関する手続き等は**必要**となる（教則 3.1.2（2）3）b.）。

第3回

49

c. ○ 十分な強度を有する**紐**等（**30メートル**以下）で係留し、飛行可能な範囲内への第三者の**立入管理**等の措置を講じて無人航空機を飛行させる場合は、**人口集中地区**、**夜間飛行**、**目視外飛行**、第三者から**30メートル**以内の飛行及び**物件投下**に係る手続き等が**不要**である（教則3.1.2（2）3）c. 十分な強度を有する紐等で係留した場合の例外）。

●高度150メートル以上の空域の例外

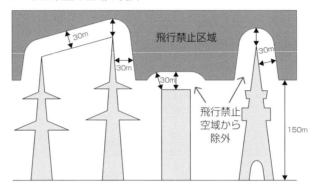

---

### 問題20　正答 c

Check ☐☐☐

　飛行前の確認事項として、各機器の**取付状況**（ネジ等の脱落やゆるみ等）や発動機・モーター等の**異音の有無**が該当する。しかし、**水の搭載量**は該当しない。よって、誤っているものは c である（教則3.1.2「航空法に関する各論」（3）無人航空機の操縦者等の義務 1）無人航空機の操縦者が遵守する必要がある運航ルール b. 飛行前の確認）。

---

### 問題21　正答 a

Check ☐☐☐

　飛行前の確認事項として、**緊急用務空域**の該当の有無や**飛行自粛要請空域**の該当の有無が該当する。しかし、**臨時飛行空域**の該当の有無は該当しない。よって、誤っているものは a である（教則3.1.2「航空法に関する各論」（3）無人航空機の操縦者等の義務 1）無人航空機の操縦者が遵守する必要がある運航ルール b. 飛行前の確認）。

## 問題 22 　正答 a

a．○　飛行中の他の**無人航空機**を確認した場合には、当該**無人航空機**との間に安全な**間隔**を確保して飛行させる（航空法施行規則 236 条の 78 第 2 号）。

b．✗　飛行上の必要がないのに**高調音**を発し、又は**急降下**し、その他他人に迷惑を及ぼすような方法で飛行させないこと（航空法 132 条の 86 第 1 項 4 号）。なお、「他人に**迷惑**を及ぼすような方法」とは、人に向かって無人航空機を**急接近**させることなどを指す。

c．✗　登録を受けた無人航空機の使用者は、整備及び必要に応じて改造をし、当該無人航空機が安全上の問題から登録を受けることができない無人航空機とならないように維持しなければならない。また、登録記号の機体への表示も維持**しなければならない**（教則 3.1.2「航空法に関する各論」（3）無人航空機の操縦者等の義務　1）無人航空機の操縦者が遵守する必要がある運航ルール　e. 使用者の整備及び改造の義務）。

## 問題 23 　正答 a

a．✗　無人航空機を飛行させる者は、特定飛行を行う場合には、**あらかじめ**、所定の事項等を記載した飛行計画を国土交通大臣に通報しなければならない。ただし、あらかじめ飛行計画を通報することが困難な場合には、**事後**の通報でも**可能**である（航空法 132 条の 88 第 1 項）。

b．○　無人航空機を飛行させる者は、**通報**した**飛行計画**に従って**特定飛行**をしなければならない（教則 3.1.2「航空法に関する各論」（3）無人航空機の操縦者等の義務　2）特定飛行をする場合に遵守する必要がある運航ルール　a. 飛行計画の通報等）。

c．○　特定飛行に該当**しない**無人航空機の飛行を行う場合であっても、飛行計画を**通報**することが**望ましい**（教則 3.1.2（3）2）a.）。

第3回

## 問題 24　正答 b

a．✕　カテゴリーⅡ飛行のうち、カテゴリーⅡB飛行については、**技能証明**を受けた操縦者が機体認証を有する無人航空機を飛行させる場合には、特段の手続き**なく**飛行可能である（教則 3.1.2「航空法に関する各論」(4) 運航管理体制（安全確保措置・リスク管理等）1）安全確保措置等）。

b．〇　**カテゴリーⅡB飛行**において、**技能証明**を受けた操縦者が**機体認証**を有する無人航空機を飛行させる場合には、安全確保措置として所定の事項等を記載した**飛行マニュアル**を作成し遵守しなければならない（教則 3.1.2 (4) 1)）。

c．✕　カテゴリーⅡ飛行のうち、カテゴリーⅡA飛行については、技能証明を受けた操縦者が機体認証を有する無人航空機を飛行させる場合であっても、**あらかじめ**「運航管理の方法」について国土交通大臣の審査を受け、飛行の許可・承認を受ける必要がある（教則 3.1.2 (4) 1)）。

## 問題 25　正答 b

a．〇　小型無人機等飛行禁止法によると、**小型無人機**とは、**飛行機、回転翼航空機、滑空機、飛行船**その他の航空の用に供することができる機器であって構造上人が乗ることが**できない**もののうち、**遠隔操作**又は**自動操縦**により飛行させることが**できる**ものと定義されている（小型無人機等飛行禁止法 2 条 3 項）。

b．✕　航空法の「無人航空機」と異なり、小型無人機等飛行禁止法の「小型無人機」は大きさや重さにかかわらず対象となり、100 グラム未満のものも含まれる（同法 2 条 3 項参照）。

c．〇　小型無人機等飛行禁止法によると、**特定航空用機器**は、航空機**以外**の航空の用に供することができる機器であって、当該機器を用いて人が**飛行**することができるものと定義されており、**気球、ハンググライダー及びパラグライダー**等が該当する（同法 2 条 4 項）。

52

## 問題 26　正答 a

a．✕　無線設備を日本国内で使用する場合には、電波法令に基づき、国内の技術基準に合致した無線設備を使用し、原則、**総務大臣**の免許や登録を受け、無線局を開設する必要がある（電波法 4 条等参照）。

b．○　無人航空機には、**ラジコン**用の**微弱**無線局や**小電力**データ通信システム（無線 LAN 等）の一部が主として用いられている（教則 3.2.2「電波法」(2) 免許又は登録を要しない無線局）。

c．○　**小電力**の無線局は、無線局免許や無線従事者資格が**不要**だが、技術基準**適合証明**等（技術基準適合証明又は工事設計認証）を受けた**適合**表示無線設備でなければならない。具体的には、技術基準適合証明等を受けた旨の表示（技適マーク）等により確認する（教則 3.2.2 (2)）。

●技適マーク

Ⓡ （番号）

## 問題 27　正答 b

a．✕　飛行機は滑空するため墜落、不時着する場合の落下地点を狭い範囲に抑えることが**できない**（教則 4.1.2「飛行機」(1) 機体の特徴）。

b．○　飛行機は**推力**により前進し空気を掴み**揚力**が生まれるので、回転翼航空機とは違いホバリングや後退、横移動は**できない**（教則 4.1.2 (1)）。

c．✕　飛行機は過度の**低速**飛行や過度の**上昇**角度、過度の旋回半径**小**により翼面から空気が剥離する失速という状態に陥ることがある（教則 4.1.2 (1)）。

第3回

スロットルは「**上昇・降下**」を、ラダーは「**機首方向の旋回**」を、エルロンは「**左右移動**」を表す用語である。なお、「前後移動」を表す用語は**エレベーター**である。よって、誤っているものは c である（教則 4.1.4「回転翼航空機（マルチローター）」（1）機体の特徴 4）回転翼航空機（マルチローター）と機体の動き）。

●回転翼航空機（マルチローター）の操縦について

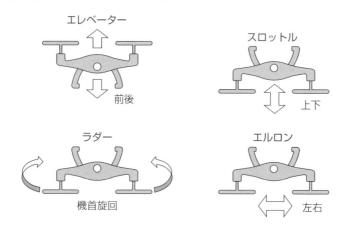

エレベーター　前後

スロットル　上下

ラダー　機首旋回

エルロン　左右

a．〇　無人航空機の機体の前後・上下を含む面に空気流入の向きを投影したときに、**前後軸**とのなす角を**迎角**という（教則 4.3.1「無人航空機の飛行原理」）。

b．〇　無人航空機の機体の前後・上下を含む面と空気流入の向きの**面**のなす角を**横滑り角**という（教則 4.3.1）。

c．✕　無人航空機の機体の機首を上げ下げする回転が**ピッチ**、機体を左右に傾ける回転が**ロール**、機体を上から見たときの機首の左右の回転が**ヨー**である（教則 4.3.1）。

## 問題 30　正答 a

Check ☐☐☐

a. ○　電圧の単位は **V** であり、放電（飛行）中の電圧降下は、電気回路の**配線抵抗**とバッテリーの**内部抵抗**によって決まる（教則 4.4.2「無人航空機の主たる構成要素」(1) 無人航空機で使われる電気・電子用語について）。

b. ✕　出力の単位は **W** であり、出力が一定の場合、電池残量が少なくなると、放電時電圧が低下するため、電流は**増大**する（教則 4.4.2 (1)）。

c. ✕　容量の単位は **Ah** であり、放電時の電流の大きさや温度によって、利用可能な容量は**変化**する（教則 4.4.2 (1)）。


## 問題 31　正答 b

Check ☐☐☐

リチウムポリマーバッテリーの特徴として、メモリ効果が**小さい**こと、電解質が**可燃物**であることなどがある。取り扱い上の注意点として、**過放電**や**過充電**の状態では、通常利用時よりも多くの**ガス**がバッテリー内部に発生し、バッテリーを膨らませる原因となることなどがある。よって、誤っているものは **b** である（教則 4.4.4「機体の動力源」(2) バッテリーの種類と特徴 1) リチウムポリマーバッテリーの特徴、2) リチウムポリマーバッテリーの取り扱い上の注意点）。


## 問題 32　正答 c

Check ☐☐☐

a. ○　複数のセルで構成されたリチウムポリマーバッテリーにおいては、セル間の充電量のバランスを**補正**しながら**充電**することが重要である（教則 4.4.4「機体の動力源」(2) バッテリーの種類と特徴 3) 複数のセルで構成されたリチウムポリマーバッテリーの取扱上の注意）。

b. ○　バランスが著しく崩れたまま充電を行うとセル間の**電圧差**が生じ、セルによって**過放電**となる現象が起こり、急速に**劣化**が進む（教則 4.4.4 (2) 3)）。

c. ✕　セル間の充電量のバランスをとるバランスコネクタがついているタイプでは、**充電時**にそのコネクタを充電器へ接続することが重要である（教則 4.4.4 (2) 3)）。

第3回

## 問題 33　正答 c

a.　✕　フレネルゾーンとは無線通信などで、電力損失をすること**なく**電波が到達するために必要とする領域のことをいう（教則 4.5.1「電波」（1）電波の特性 3）フレネルゾーン）。

b.　✕　フレネルゾーンは、送信と受信のアンテナ間の最短距離を中心とした楕円体の空間で、この空間は無限に広がるが、電波伝搬で重要なのは**第1**フレネルゾーンと呼ばれる部分である（教則 4.5.1（1）3））。

c.　〇　**地面**も障害物となるため、**フレネルゾーン**の半径を考慮して**アンテナ**の高さを十分に確保する必要がある（教則 4.5.1（1）3））。

## 問題 34　正答 b

a.　✕　運航者は飛行前後だけではなく、無人航空機毎に定められた一定の**期間**や一定の**総飛行時間**ごとに整備点検を行う必要がある（教則 4.6.1「電動機における整備・点検・保管・交換・廃棄」（1）運航者が実施すべき、定期的な整備・点検項目）。

b.　〇　運航者は各機体メーカーが設定する**整備内容**を熟知し、必要なタイミングで**修理等の整備**を行う必要がある（教則 4.6.1（1））。

c.　✕　運航者のエンジンの整備に関する知識及び技能が不足している場合は、**専門の整備業者**に依頼する（教則 4.6.2「エンジン機における整備・点検」）。

## 問題 35　正答 a

a.　✕　リチウムポリマーバッテリーの劣化を遅らせるため、長期間使用しない時は充電 60% を目安に保管すること（教則 4.6.1「電動機における整備・点検・保管・交換・廃棄」（2）リチウムポリマーバッテリーの保管方法）。

b.　〇　機体コネクタとリチウムポリマーバッテリーを**接続**したままに**しない**こと（教則 4.6.1（2））。

c.　〇　リチウムポリマーバッテリーは**水に濡らさない**こと（教則 4.6.1（2））。

## 問題 36　正答 a

Check

　飛行前の準備として行う飛行空域及びその周囲の状況の確認項目には、**第三者**の有無、地上又は水上の状況、**航空機**や他の**無人航空機**の飛行状況、**空域**の状況、**障害物**や**安全性**に影響を及ぼす**物件**の有無等がある。よって、誤っているものは a である（教則 5.1.2「運航時の点検及び確認事項」（2）運航者がプロセスごとに行うべき点検）。

## 問題 37　正答 c

Check

a．✕　飛行中の監視の点検項目には、無人航空機の異常の有無**がある**（教則 5.1.2「運航時の点検及び確認事項」（2）運航者がプロセスごとに行うべき点検）。

b．✕　飛行中の監視の点検項目には、飛行空域及びその**周囲**の気象の変化があり、飛行空域周囲の気象の変化も点検項目に含まれる（教則 5.1.2（2））。

c．〇　飛行中の監視の点検項目には、**航空機**及び他の**無人航空機**の**有無**がある（教則 5.1.2（2））。

## 問題 38　正答 c

Check

a．〇　航空法においては、一定の**リスク**のある無人航空機の飛行については、その**リスク**に応じた安全を確保するための措置を講ずることを求めている（教則 5.1.3「飛行申請」（1）国土交通省への飛行申請）。

b．〇　航空法においては、一定の**リスク**のある無人航空機の飛行については、**国土交通大臣**から**許可**又は**承認**を取得した上で行うことを求めている（教則 5.1.3（1））。

c．✕　カテゴリーⅡ飛行については、当該申請に係る飛行開始予定日の 10 開庁日前までに、申請書を所定の提出先に提出する必要がある（教則 5.1.3（1））。

第3回

a.○　離着陸直前は機体が**水平**となるため、傾斜地ではテール部などが地面に接触する恐れがあることから、**水平**な場所を選定すること（教則5.2.1「離着陸時の操作」(2) 離着陸時に特に注意すべき事項（回転翼航空機（ヘリコプター）(1) 離着陸地点の選定）。

b.○　離陸前はヨー軸まわりの制御が不十分な場合があり、ヨー軸を中心に**回転**する恐れがあることから、**滑りやすい**場所を**避ける**こと（教則5.2.1 (2) 1)）。

c.✕　ローターのダウンウォッシュによる**砂埃**等が飛散し、視界を**遮る**おそれがあることから、**砂**又は**乾燥**した土の上は**避ける**こと（教則5.2.1 (2) 1)）。

a.✕　飛行自体は自動で飛行し、機体に付属している撮影用カメラなどのみ人が操作するような複合的な操縦も**行える**（教則5.2.2「手動操縦及び自動操縦」(1) 手動操縦・自動操縦の特徴とメリット 1) 無人航空機の操縦方法（自動操縦と手動操縦））。

b.○　**空中写真測量**などによる飛行では、測地エリアを指定するのみで自動的に**飛行経路**や**撮影地点**をプランニングする機能も備えられている（教則5.2.2 (1) 1)）。

c.✕　手動操縦は送信機の**スティック**により機体の移動を命令して行う（教則5.2.2 (1) 1)）。

a.○　送信電波や電源容量の現象などにより飛行が継続できない場合には、予め飛行制御アプリケーションの**フェールセーフ機能**により、**自動帰還モードへ**切り替わり、**離陸地点**へ飛行する（教則5.2.3「緊急時の対応」(1) 機体のフェールセーフ機能）。

b.✕　フェールセーフ機能発動時、機体の動作をホバリング、その地点での着

陸、自動帰還などの設定を行うことができる機体も**ある**（教則 5.2.3（1））。

c. ○ **フェールセーフ機能**発動中に**バッテリー残量不足**等の飛行が継続できない場合、又は予想される場合、機体は**着陸動作**に遷移し**着陸**を試みること（教則 5.2.3（1））。

## 問題 42　正答 a

a. ○ 無人航空機の飛行にあたっては、様々な要素により、飛行中、操縦が困難になること、又は予期せぬ機体故障等が発生する場合があることから、運航者は運航上の「**リスク**」を管理することが安全確保上**非常に重要**である（教則 6.1.1「安全に配慮した飛行」）。

b. ✕ 運航者は行おうとする運航の形態に応じ、「リスク」を許容可能な程度まで**低減**する必要がある（教則 6.1.1）。

c. ✕ リスク管理の考え方は、特にカテゴリーⅢ飛行において重要となるが、**その他の飛行**においても十分に理解したうえで、安全に配慮した計画や飛行を行うことが求められる（教則 6.1.1）。

## 問題 43　正答 a

a. ✕ 予定される飛行経路や日時において緊急用務空域の発令など、**一時的な**飛行規制の対象空域の該当となっていないかなどを計画策定時に確認する必要がある（教則 6.1.2「飛行計画」（1）飛行計画策定時の確認事項）。

b. ○ 無人航空機の運航中に万が一事故やインシデントが発生した場合を想定し、事前に**緊急連絡先**を定義しておくこと（教則 6.1.2（2）事故・インシデントへの対応）。

c. ○ 負傷者や第三者物件への物損が発生した場合は、直ちに当該無人航空機の飛行を中止するとともに、**人命救助**を最優先に行動し、**消防署や警察**に連絡するなど危険を防止するための措置を講じる（教則 6.1.2（2））。

第3回

## 問題 44 　正答 b

　気象レーダーは、安全な飛行を行うために確認すべき気象の情報源である。しかし、方位磁針やことわざは該当しない。よって、正しいものは b である（教則 6.2.1「気象の重要性及び情報源」（2）安全な飛行を行うために確認すべき気象の情報源）。

## 問題 45 　正答 b

a．○　周囲よりも相対的に気圧が高いところを高圧部といい、その中で閉じた等圧線で囲まれたところを高気圧という（教則 6.2.1「気象の重要性及び情報源」（3）天気図の見方 6）高気圧）。

b．✕　北半球では時計回りに等圧線と約 30 度の角度で中心から外へ向かって風を吹き出している（教則 6.2.1（3）6））。

c．○　高気圧の中心部では下降気流が発生し、一般的に天気はよい（教則 6.2.1（3）6））。

## 問題 46 　正答 c

a．✕　閉塞前線は、寒冷前線が温暖前線に追いついた前線であり、閉塞が進むと次第に低気圧の勢力が弱くなる（教則 6.2.1「気象の重要性及び情報源」（3）天気図の見方 10）前線 c. 閉塞前線）。

b．✕　停滞前線は、気団同士の勢力が変わらないため、ほぼ同じ位置に留まっている前線であり、長雨をもたらす梅雨前線や秋雨前線がこれにあたる（教則 6.2.1（3）10）d. 停滞前線）。

c．○　梅雨前線とは、四季の変わり目に出現する長雨（菜種梅雨、梅雨、秋霖など）のうち、とくに顕著な長雨、大雨をもたらす停滞前線のことである（教則 6.2.1（3）10）e. 梅雨前線）。

　※次ページの図を参照。

●前線の種類

温暖前線

寒冷前線

閉塞前線

停滞前線

## 問題 47　正答 c

a．○　**低気圧**が接近すると、**寒冷前線**付近の**上昇気流**によって発達した**積乱雲**により、強い雨や雷とともに**突風**が発生することがある（教則 6.2.2「気象の影響」（1）安全な飛行のために知っておくべき気象現象 2）風 d. 突風）。

b．○　日本付近では、天気は**西**から**東**に変わるため、**西**から**寒冷前線**を伴う**低気圧**が接近するときは、**突風**が発生する時間帯を予測することができる（教則 6.2.2（1）2）d.）。

c．✕　海陸風は海と陸との気温差によって生じる局地的な風で、日本では、日差しの強い夏の**沿岸**部で顕著に見られる。**内陸**部ではなく**沿岸**部である（教則 6.2.2（1）2）e. 海陸風）。

## 問題 48　正答 a

a．○　滑走により離着陸する**飛行機**は、**回転翼航空機**よりも**広い**離着陸エリアが必要である（教則 6.3.1「飛行機」（1）飛行機の運航の特徴）。

b．✕　飛行機は回転翼航空機と比べて、飛行中の最小旋回半径が**大きく**なることが特徴である（教則 6.3.1（1））。

c．✕　飛行機の運航は、離陸、着陸共に、**向い風**を受ける方向から行う（教則 6.3.1（1））。

## 問題49　正答 c

a. ○　**回転翼航空機**（マルチローター）は複数の**ローター**を機体周辺に備え、**ローター**を回転させることにより**揚力**を得て**垂直上昇**し、**フライトコントロールシステム**により**安定**した飛行を行うことができる（教則 6.3.3「回転翼航空機（マルチローター）」(1) 回転翼航空機（マルチローター）の運航の特徴）。

b. ○　**大型機**は、事故発生時の影響が**大きい**ことから、操縦者の運航への**習熟度**及び**安全運航意識**が**十分に高い**ことが要求される（教則 6.3.4「大型機（最大離陸重量 25kg 以上）」(1) 大型機（最大離陸重量 25kg 以上）の運航の特徴）。

c. ✕　大型機は機体の慣性力が**大きい**ことから、増速・減速・上昇・降下などに要する時間と距離が長くなるため、障害物回避には特に注意が必要である（教則 6.3.4 (1)）。

## 問題50　正答 b

a. ✕　航空機からの視認をできる限り容易にするため、灯火を装備すること、**または**飛行時に機体を認識しやすい塗色を行うこと（教則 6.4.2「目視外飛行」(1) 目視外飛行の運航 2) 補助者を配置しない場合）。

b. ○　地上において、機体や地上に設置された**カメラ**等により**飛行経路**全体の航空機の状況が常に確認できること（教則 6.4.2 (1) 2)）。

c. ✕　原則として、第三者に危害を加えないことを、**製造事業者**等が証明した機能を有すること（教則 6.4.2 (1) 2)）。

# 第4回　無人航空機操縦士　二等　学科試験
## 正答一覧

| 1回目 | 正答数 　　／50 問 | 2回目 | 正答数 　　／50 問 |
|---|---|---|---|

合格基準：正答率80%（40〜41問）程度

| 問題 | 正答 | 問題 | 正答 | 問題 | 正答 |
|---|---|---|---|---|---|
| 問題1 | b | 問題21 | b | 問題41 | b |
| 問題2 | b | 問題22 | a | 問題42 | c |
| 問題3 | b | 問題23 | c | 問題43 | a |
| 問題4 | b | 問題24 | b | 問題44 | c |
| 問題5 | c | 問題25 | c | 問題45 | a |
| 問題6 | b | 問題26 | a | 問題46 | a |
| 問題7 | c | 問題27 | a | 問題47 | c |
| 問題8 | c | 問題28 | c | 問題48 | a |
| 問題9 | c | 問題29 | c | 問題49 | b |
| 問題10 | c | 問題30 | a | 問題50 | c |
| 問題11 | c | 問題31 | a | | |
| 問題12 | c | 問題32 | a | | |
| 問題13 | b | 問題33 | a | | |
| 問題14 | a | 問題34 | c | | |
| 問題15 | c | 問題35 | c | | |
| 問題16 | b | 問題36 | a | | |
| 問題17 | c | 問題37 | c | | |
| 問題18 | a | 問題38 | a | | |
| 問題19 | c | 問題39 | b | | |
| 問題20 | a | 問題40 | c | | |

注：本書の解答用紙は学習しやすいように準備したものであり、実際の試験はCBT（Computer Based Testing）方式により実施されるため、解答は画面上で行います。

## 問題 1 　正答 b

　登録講習機関において無人航空機の操縦に係る必要な講習を受講し、講習の修了審査に合格した場合には**実地試験**が**免除**される。学科試験、身体検査の免除はない。よって、正しいものは**b**である（教則 1.「はじめに」）。


## 問題 2 　正答 b

a．〇　無人航空機を操縦する場合には、飛行させる場所ごとのルールや遵守事項に従い、一般社会通念上の**マナー**を守るとともに、**モラル**のある飛行を行うこと（教則 2.1.4「ルール・マナーの遵守」）。

b．✕　飛行に際しては、**騒音**の発生に注意をすること（教則 2.1.4）。

c．〇　自然を侮らず、謙虚な気持ちで、**無理をしない**ことが重要である（教則 2.1.5「無理をしない」）。


## 問題 3 　正答 b

a．✕　現地調査の項目として、**離着陸**する場所の状況等が**ある**（教則 2.2.1「飛行計画の作成・現地調査」(2) 飛行予定地域や周辺施設の調査）。

b．〇　現地調査の項目として、地上の**歩行者**や**自動車**の通行、**有人航空機**の飛行などの状況等がある（教則 2.2.1 (2)）。

c．✕　飛行前には必ず機体の点検を行い、気になるところがあれば必ず整備をしてから飛行を開始する（教則 2.2.2「機体の点検」）。


## 問題 4 　正答 b

a．〇　操縦者は、**アルコール**等の摂取に関する注意事項を守る（教則 2.2.7「体調管理」）。

b．✕　飛行中は気象の変化に注意し、天候が悪化しそうになれば、飛行途中でもただちに**帰還**させるか、又は**緊急着陸**するなど、安全を第一に判断すること

（教則 2.2.9「飛行中の注意」（1）無理をしない）。

c．〇　危険な状況になった場合に、適切に対応できるだけの能力を身に付けて
おくことは必要であるが、危険な状況になる**前**にそれを**察知**して**回避**すること
が操縦者としてより**大切**である（教則 2.2.9（1））。

**問題5**　　**正答 c**

a．〇　機体が墜落した場合には、地上又は水上における交通への支障やバッテ
リーの発火等により周囲に危険を及ぼすことがないよう、機体が通電している
場合は**電源を切る**など速やかに措置を講ずる（教則 2.3.1「事故を起こした
ら」）。

b．〇　事故が発生した場合、事故の原因究明、再発防止のために**飛行ログ**等の
記録を残す（教則 2.3.1）。

c．✕　無人航空機の飛行による人の死傷、第三者の物件の損傷、飛行時におけ
る機体の紛失又は航空機との衝突若しくは接近事案が発生した場合には、事故
の内容に応じ、直ちに警察署、消防署、その他必要な機関等へ連絡するととも
に、**国土交通大臣**に報告する（教則 2.3.2「通報先」）。

**問題6**　　**正答 b**

a．〇　**全ての無人航空機**（重量が 100 グラム未満のものは除く。）は、**国の
登録**を受けたものでなければ、原則として航空の用に供することができない（航
空法 132 条の 2）。

b．✕　登録の有効期間は**3**年である（航空法施行規則 236 条の 8 第 1 項）。

c．〇　無人航空機を識別するための**登録記号**を表示し、一部の例外を除き**リモ
ートID 機能**を備えなければならない（同法 132 条の 5、同施行規則 236
条の 6）。

第4回

## 問題7 正答 c

a. ✕ 特定飛行に該当しない飛行を「カテゴリーⅠ飛行」という（教則3.1.1「航空法に関する一般知識」（2）無人航空機の飛行に関する規制概要 3）無人航空機の飛行形態の分類 a. カテゴリーⅠ飛行）。

b. ✕ 「カテゴリーⅠ飛行」の場合には、航空法上は特段の手続きは不要で飛行可能である（教則3.1.1（2）3）a.）。

c. ○ 特定飛行のうち、第三者の立入管理措置を講じたうえで行うものを「カテゴリーⅡ飛行」という（教則3.1.1（2）3）b. カテゴリーⅡ飛行）。

## 問題8 正答 c

a. ○ カテゴリーⅡA飛行に関しては、カテゴリーⅡB飛行に比べてリスクが高いことから、技能証明を受けた者が機体認証を受けた無人航空機を飛行させる場合であっても、あらかじめ運航管理の方法について国土交通大臣の審査を受け、飛行の許可・承認を受けることにより可能となる（教則3.1.1「航空法に関する一般知識」（2）無人航空機の飛行に関する規制概要 5）特定飛行を行う場合の航空法上の手続き等 a. カテゴリーⅡ飛行）。

b. ○ カテゴリーⅡA飛行及びカテゴリーⅡB飛行はともに、機体認証及び技能証明の両方又はいずれかを有していない場合であっても、あらかじめ①使用する機体、②操縦する者の技能及び ③運航管理の方法について国土交通大臣の審査を受け、飛行の許可・承認を受けることによっても可能となる（教則3.1.1（2）5）a.）。

c. ✕ カテゴリーⅢ飛行に関しては、最もリスクの高い飛行となることから、一等無人航空機操縦士の技能証明を受けた者が第一種機体認証を受けた無人航空機を飛行させることが求められることに加え、あらかじめ運航管理の方法について国土交通大臣の審査を受け、飛行の許可・承認を受けることにより可能となる（教則3.1.1（2）5）b. カテゴリーⅢ飛行）。

　　※次ページの表も参照。

| カテゴリー | 飛行の内容 | 航空法上の手続き |
|---|---|---|
| Ⅰ | 特定飛行に該当しない飛行 | 手続き**不要** |
| ⅡB | カテゴリーⅡA以外の飛行 | 技能証明、機体認証がある→<br>手続き**不要**＋飛行マニュアル |
| ⅡA | 空港周辺／高度150m以上／催し場所上空／危険物輸送／物件投下／最大離陸重量25kg以上の無人航空機 | 技能証明、機体認証がある→<br>手続き**必要**＋飛行許可申請 |
| Ⅲ | 第三者上空における特定飛行 | 一等技能証明、**第一種機体認**<br>**証**がある＋飛行許可申請 |

※カテゴリーⅡB、及びカテゴリーⅡAは技能証明、機体認証のどちらか一方、又は両方ない
場合は飛行許可申請が必要

---

**問題9** **正答** c

a. ✕　有視界飛行方式は、計器飛行方式以外の飛行の方式とされ、航空機の**操縦者**の判断に基づき飛行する方式である（教則3.1.1「航空法に関する一般知識」（3）航空機の運航ルール等 2）計器飛行方式及び有視界飛行方式）。

b. ✕　**小型機**や回転翼航空機は有視界飛行方式で飛行することが多い（教則3.1.1（3）2））。

c. ◯　**空港**及びその周辺においては、**有視界飛行方式**で飛行する航空機も航空交通管制機関が与える**指示**等に従う必要がある（教則3.1.1（3）2））。

---

**問題10** **正答** c

a. ✕　無人航空機の登録の申請は、**オンライン**又は書類提出により行い、手数料の納付等全ての手続き完了後、登録記号が発行される（教則3.1.2「航空法に関する各論」（1）無人航空機の登録 4）登録の手続き及び登録記号の表示）。

b. ✕　登録記号は、無人航空機の容易に取り外し**ができない**外部から確認しやすい箇所に耐久性のある方法で鮮明に表示しなければならない（航空法施行規

則236条の6第1項1号イ、ロ)。

c. 〇 **登録記号**の文字は機体の**重量区分**に応じた**高さ**とし、表示する地色と鮮明に**判別**できる色で表示しなければならない(同施行規則236条の6第1項1号ハ、二)。

## 問題 11 　正答 c

　航空法に基づき原則として無人航空機の飛行が禁止されている「空港等の周辺の空域」は、空港やヘリポート等の周辺に設定されている**進入**表面、**転移**表面若しくは**水平**表面又は**延長進入**表面、**円錐**表面若しくは**外側水平**表面の上空の空域である。よって、誤っているのは c である(航空法施行規則236条の71第1項2号)。

## 問題 12 　正答 c

　航空機の離着陸が頻繁に実施される新千歳空港・成田国際空港・東京国際空港・中部国際空港・関西国際空港・大阪国際空港・福岡空港・那覇空港においては、**進入表面**等の上空の空域に加えて、進入表面若しくは**転移表面**の下の空域、**空港**の敷地の上空の空域が飛行禁止空域となっている。よって、誤っているのは c である。(教則3.1.2「航空法に関する各論」(2)規制対象となる飛行の空域及び方法(特定飛行)の補足事項等 1)規制対象となる飛行の空域 a. 空港等の周辺の空域)。

## 問題 13 　正答 b

a. ✕ 「高度150メートル以上の飛行禁止空域」とは、**海抜高度**ではなく、無人航空機が飛行している**直下の地表**又は**水面**からの**高度差**が150メートル以上の空域を指す(教則3.1.2「航空法に関する各論」(2)規制対象となる飛行の空域及び方法(特定飛行)の補足事項等 1)規制対象となる飛行の空域 c. 高度150メートル以上の空域)。

b. ◯ **山岳部**などの起伏の激しい地形の上空で無人航空機を飛行させる場合には、意図せず 150 メートル以上の高度差になるおそれがあるので注意が必要である（教則 3.1.2（2）1）c.）。

c. ✕ 現在は令和 2 年の国勢調査の結果に基づく人口集中地区が適用されている（教則 3.1.2（2）1）d. 人口集中地区）。

## 問題 14　正答 a

「物件」として、**軌道車両**や**船舶**などが該当する。よって、誤っているものは a である（教則 3.1.2「航空法に関する各論」（2）規制対象となる飛行の空域及び方法（特定飛行）の補足事項等 2）規制対象となる飛行の方法 c. 人又は物件との距離）。

## 問題 15　正答 c

「物件」として、**水門**などが該当する。よって、正しいものは c である（教則 3.1.2「航空法に関する各論」（2）規制対象となる飛行の空域及び方法（特定飛行）の補足事項等 2）規制対象となる飛行の方法 c. 人又は物件との距離）。

## 問題 16　正答 b

「多数の者の集合する催し」として、**祭礼**や**縁日**などが該当する。よって、誤っているものは b である（教則 3.1.2「航空法に関する各論」（2）規制対象となる飛行の空域及び方法（特定飛行）の補足事項等 2）規制対象となる飛行の方法 d. 催し場所上空）。

## 問題 17　正答 c

「危険物」として、**火薬類**や**高圧ガス**などが該当する。よって、誤っているものは c である（教則 3.1.2「航空法に関する各論」（2）規制対象となる飛行の

空域及び方法（特定飛行）の補足事項等 2）規制対象となる飛行の方法 e. 危険
物の輸送）。

## 問題 18　正答 a

　無人航空機の飛行のため当該無人航空機で輸送する物件は、「危険物」の対象
とならない。「危険物」の対象と**ならない**ものとして、安全装置としてのパラシ
ュートを開傘するために必要な**火薬類**や**高圧ガス**などが該当する。よって、誤っ
ているものは a である（教則 3.1.2「航空法に関する各論」(2) 規制対象とな
る飛行の空域及び方法（特定飛行）の補足事項等 2）規制対象となる飛行の方法
e. 危険物の輸送）。

## 問題 19　正答 c

a．✕　自動車、航空機等の移動する物件に紐等を固定して又は人が紐等を持っ
　　て移動しながら無人航空機を飛行させる行為（えい航）は、係留には**該当しな
　　い**（教則 3.1.2「航空法に関する各論」(2) 規制対象となる飛行の空域及び方
　　法（特定飛行）の補足事項等 3）規制対象となる飛行の空域及び方法の例外
　　c. 十分な強度を有する紐等で係留した場合の例外）。

b．✕　「第三者」とは、無人航空機の飛行に**直接**又は**間接的**に関与して**いない**
　　者をいう（教則 3.1.2 (2) 4) その他の補足事項等 a. 第三者の定義）。

c．〇　無人航空機の飛行に**直接**関与している者とは、**操縦者**、現に操縦はして
　　いないが操縦する**可能性**のある者、**補助者**等無人航空機の飛行の**安全確保**に必
　　要な要員とする（教則 3.1.2 (2) 4) a.）。

## 問題 20　正答 a

　飛行前の確認事項として、機体（プロペラ、フレーム等）の**損傷**や**歪み**の有無
等がある。よって、正しいものは a である（教則 3.1.2「航空法に関する各論」(3)
無人航空機の操縦者等の義務 1）無人航空機の操縦者が遵守する必要がある運航

ルール b. 飛行前の確認）。

## 問題 21　正答 b

　飛行前の確認事項として、**安全確保措置**の準備状況がある。よって、正しいものはbである（教則 3.1.2「航空法に関する各論」(3) 無人航空機の操縦者等の義務 1) 無人航空機の操縦者が遵守する必要がある運航ルール b. 飛行前の確認）。

## 問題 22　正答 a

a．✕　無人航空機に関する事故が発生した場合、当該無人航空機を飛行させる者は、**直ちに**当該無人航空機の飛行を中止しなければならない（航空法 132条の 90 第 1 項）。

b．◯　無人航空機に関する事故が発生した場合において、**負傷者**がいる場合にはその**救護**・**通報**、事故等の状況に応じた**警察**への**通報**、火災が発生している場合の**消防**への**通報**など、**危険を防止**するための**必要な措置**を講じなければならない（同法 132 条の 90、教則 3.1.2「航空法に関する各論」(3) 無人航空機の操縦者等の義務 1) 無人航空機の操縦者が遵守する必要がある運航ルール f. 事故等の場合の措置 ア）事故の場合の措置）。

c．◯　無人航空機に関する事故が発生した場合、当該事故が発生した**日時**及び**場所**等の必要事項を**国土交通大臣**に**報告**しなければならない（同法 132 条の 90 第 2 項）。

## 問題 23　正答 c

a．✕　無人航空機を飛行させる者は、特定飛行をする場合には、飛行日誌を携行（携帯）することが**義務付けられている**（航空法 132 条の 89 第 1 項）。

b．✕　飛行日誌は、**紙又は電子データ**（システム管理を含む。）の形態を問わないが、特定飛行を行う場合には、必要に応じ速やかに参照や提示できるよう

にする必要がある（教則 3.1.2「航空法に関する各論」(3) 無人航空機の操縦
者等の義務 2) 特定飛行をする場合に遵守する必要がある運航ルール b. 飛行
日誌の携行及び記載）。

c. ◯ 特定飛行に**該当しない**無人航空機の飛行を行う場合であっても、**飛行日
誌**に記載することが**望ましい**（教則 3.1.2 (3) 2) b.）。

## 問題 24　正答 b

a. ◯ **カテゴリーⅢ飛行**を行う場合には、**一等無人航空機操縦士資格**を受けた
操縦者が**第一種機体認証**を有する無人航空機を飛行させることが求められる
（教則 3.1.2「航空法に関する各論」(4) 運航管理体制（安全確保措置・リス
ク管理等) 2) カテゴリーⅢ飛行を行う場合の運航管理体制）。

b. ✗ **カテゴリーⅢ飛行**を行う場合には、**あらかじめ**「運航管理の方法」につ
いて**国土交通大臣**の審査を受け、飛行の**許可・承認**を受ける必要がある（教則
3.1.2 (4) 2)）。

c. ◯ 飛行の**許可・承認**の審査においては、無人航空機を飛行させる者が適切
な**保険**に加入するなど**賠償能力**を有することの確認を行うこと（教則 3.1.2
(4) 2)）。

## 問題 25　正答 c

　小型無人機等飛行禁止法により重要施設の敷地・区域の上空（レッド・ゾーン）
及びその周囲おおむね 300 mの上空（イエロー・ゾーン）は、小型無人機等を
飛行させることはできない。その飛行禁止の対象となる重要施設として、**国会議
事堂**や**最高裁判所**等が規定されている。しかし、**国立公園**は規定されていない。
よって、誤っているものは **c** である（小型無人機等飛行禁止法 2 条 1 項 1 号イ、
二）。

## 問題 26  正答 a

a. ○　アマチュア無線とは、金銭上の利益のためでなく、専ら個人的な興味により行う**自己訓練、通信**及び**技術研究**のための無線通信である（教則 3.2.2「電波法」(3) アマチュア無線局）。

b. ✕　アマチュア無線を使用した無人航空機を、利益を目的とした仕事などの業務に利用することは**できない**（教則 3.2.2 (3)）。

c. ✕　アマチュア無線による FPV 無人航空機については、現在、無人航空機の操縦に 2.4GHz 帯の免許不要局を使用し、無人航空機からの画像伝送に 5GHz 帯のアマチュア無線局を使用する場合が多いが、5GHz 帯のアマチュア無線は、周波数割当計画上、**二次業務**に割り当てられている（教則 3.2.2 (3)）。

## 問題 27  正答 a

a. ✕　大型飛行機は、25kg 未満の飛行機に比べて風の影響を**受けにくく**なる（教則 4.1.2「飛行機」(2) 大型機（最大離陸重量 25kg 以上）の特徴）。

b. ○　大型飛行機は機体の慣性力が**大きい**ことから、増速・減速・上昇・降下などに要する時間と距離が**長く**なるため、**障害物回避**には特に注意が必要である（教則 4.1.2 (2)）。

c. ○　大型飛行機は一般に小型の機体よりも騒音が**大きく**なるため、飛行ルート周囲への配慮が必要である（教則 4.1.2 (2)）。

## 問題 28  正答 c

a. ✕　大型機は、機体の対角寸法やローターのサイズやモーターパワーも大きくなり、飛行時の慣性力も**増加**し、上昇・降下や加減速などに要する時間と距離が長くなる（教則 4.1.4「回転翼航空機（マルチローター）」(2) 大型機（最大離陸重量 25kg 以上）の特徴）。

b. ✕　大型機の場合、離着陸やホバリング時の地面効果等の範囲が**広がり**、高

度な操縦技術を要する（教則 4.1.4 (2)）。

c．〇　大型機の場合、飛行時機体から発せられる騒音も**大きく**なり周囲への影響範囲も**広がる**（教則 4.1.4 (2)）。

## 問題 29　正答 c

a．✕　流れる空気の中に翼のような流線形をした物体が置かれると物体には空気力が作用するが、流れと垂直方向に作用する力を**揚力**、流れの方向に働く力を**抗力**とよぶ（教則 4.3.2「揚力発生の特徴」）。

●揚力、抗力について

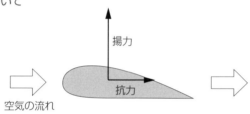

揚力

抗力

空気の流れ

b．✕　翼の断面形状が上面の湾曲の方が下面より**大きな**翼型は、効率よく揚力を発生できるので翼型やローター断面に利用される（教則 4.3.2）。

c．〇　プロペラの回転には**トルク**が必要であり、プロペラを回転させる原動機には**反トルク**が作用する（教則 4.3.2）。

## 問題 30　正答 a

a．✕　電動の無人航空機においてローターを駆動するモーターには、**ブラシモーター**と**ブラシレスモーター**があり、**ブラシレスモーター**の特徴としては、メンテナンスが容易（モーター内部の清掃、ブラシの交換が不要等）、静音、長寿命であることが挙げられる（教則 4.4.2「無人航空機の主たる構成要素」(2) モーター、ローター、プロペラ）。

b．〇　**ローター**は通常回転方向（時計回転（CW：クロックワイズ）／反時計回転（CCW：カウンタークロックワイズ））に合わせた形状となっており、**モーター**の回転方向に合わせて取り付けるよう注意が必要である（教則 4.4.2 (2)）。

c. ◯　モーターの回転数は ESC( エレクトロニックスピードコントローラー )
により制御されており、モーターで駆動されたローターの**回転数**を増減させる
ことにより揚力や推力を変化させている（教則 4.4.2（3）モーター制御）。

## 問題 31　正答 a

Check ☐☐☐

a. ◯　エンジンには**2 ストロークエンジン**、**4 ストロークエンジン**、**グロー
エンジン**等の種類がある（教則 4.4.4「機体の動力源」（3）エンジン）。

b. ✕　エンジンの種類により、潤滑方式、燃焼サイクル、点火温度等が**異なる**
（教則 4.4.4（3））。

c. ✕　燃料にオイル等を混ぜた混合燃料を使用する場合は、**適切**な混合比での
使用が必要である（教則 4.4.4（3））。

## 問題 32　正答 a

Check ☐☐☐

a. ◯　無線通信での「**見通しが良い**」という表現は、**フレネルゾーン**がしっか
り確保されている状態であることを意味する（教則 4.5.1「電波」（1）電波
の特性 3) フレネルゾーン）。

b. ✕　フレネルゾーン内に壁や建物などの障害物があると、受信電界強度が確
保されず通信エラーが起こり、障害物がない状態に比べて通信距離が**短く**なる
（教則 4.5.1（1）3)）。

c. ✕　フレネルゾーンの半径は周波数が高く（波長が短く）又はお互いの距離
が短くなればなるほど**小さく**なる（教則 4.5.1（1）3)）。

●フルネルゾーンについて

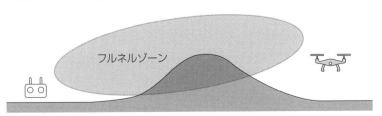

フルネルゾーン

機体と送信機の間に障害物があると通信エラーが起こる。

## 問題 33　正答 a

a. ✕　無人航空機の運航において使用されている主な電波の周波数帯は、2.4GHz 帯、5.7GHz 帯、920MHz 帯、73MHz 帯、169MHz 帯である（教則 4.5.1「電波」(2) 無人航空機の運航において使用されている電波の周波数帯・用途）。

b. 〇　169MHz 帯は主に 2.4GHz 帯及び 5.7GHz 帯の無人移動体画像伝送システムの無線局の**バックアップ**回線として使用される（教則 4.5.1 (2)）。

c. 〇　電波の周波数帯や出力、使用するアンテナの特性、変調方式、伝送速度などによって通信可能な**距離**は**変動**する（教則 4.5.1 (2)）。

## 問題 34　正答 c

a. 〇　リチウムポリマーバッテリーが万が一**発火**しても安全を保てる**不燃性**のケースに入れ、**突起物**が当たって**バッテリー**を傷つけない状態で**保管**すること（教則 4.6.1「電動機における整備・点検・保管・交換・廃棄」(2) リチウムポリマーバッテリーの保管方法）。

b. 〇　リチウムポリマーバッテリーは、**落下**させるなど**衝撃を与えない**こと（教則 4.6.1 (2)）。

c. ✕　無人航空機の運航で生じる廃棄物は、**各地方自治体**のルールに従って廃棄しなければならない（教則 4.6.1 (4) リチウムポリマーバッテリーの廃棄方法）。

## 問題 35　正答 c

a. ✕　リチウムポリマーバッテリーが膨らんでいる場合は、過充電などでバッテリー内部に**可燃性**ガスが発生している可能性があるため、早めに交換を行うこと（教則 4.6.1「電動機における整備・点検・保管・交換・廃棄」(3) リチウムポリマーバッテリーの交換）。

b. ✕　事業で用いたリチウムポリマーバッテリーを廃棄する場合は、法律に則

り「**産業廃棄物**」として廃棄すること（教則 4.6.1（4）リチウムポリマーバッテリーの廃棄方法）。

c. **○　エンジン機**においては、飛行前後以外に一定の期間又は一定の総飛行時間毎に、メーカーが定めた**整備項目**を**整備手順**に従って実施すること（教則 4.6.2「エンジン機における整備・点検」）。

## 問題 36　正答 a

飛行前の準備として行う、航空法その他の法令等の必要な手続きの項目には、国の飛行の**許可・承認**の取得、必要な**書類**（技能証明書、飛行日誌、飛行の許可・承認書等）の携帯又は**携行**、航空法**以外**の法令等の必要な手続きがある。よって、正しいものは a である（教則 5.1.2「運航時の点検及び確認事項」（2）運航者がプロセスごとに行うべき点検）。

## 問題 37　正答 c

異常事態発生時の措置には、**あらかじめ**設定した**手順**等に従った危機回避行動をとる、事故発生時には、**直ちに**無人航空機の飛行を**中止**し、危険を防止するための措置を取る、事故・重大インシデントの**国土交通**大臣への報告がある。事故・重大インシデントの報告は、**総務**大臣ではなく**国土交通**大臣である。よって、誤っているものは c である（教則 5.1.2「運航時の点検及び確認事項」（2）運航者がプロセスごとに行うべき点検）。

## 問題 38　正答 a

a. **○**　無人航空機を飛行させる場合には、**損害賠償責任保険**に加入しておくことが有効と考えられる（教則 5.1.4「保険及びセキュリティ」（1）損害賠償能力の確保）。

b. **✕**　国土交通省においては、加入している保険の確認など無人航空機を飛行させる者が賠償能力を有することの確認を、許可・承認の審査の**際**に行ってい

る（教則5.1.4（1））。

c．✗　無人航空機の保険については、大きく分けて機体保険と**損害賠償責任**保険がある（教則5.1.4（1））。

## 問題 39　正答 b　

a．✗　ローター回転が**低い**状態で無理に離陸させると、機体の反応が**遅れる**ことがあり、危険であることから、十分にローター回転が**上昇してから**、離陸すること（教則5.2.1「離着陸時の操作」（2）離着陸時に特に注意すべき事項（回転翼航空機（ヘリコプター））2）離陸方法）。

b．〇　ローター半径**以下**の高度では、**地面効果**の影響が顕著となり、機体が**不安定**になることから、**離陸後**は速やかに**地面効果外**まで機体を**上昇**させること（教則5.2.1（2）2））。

c．✗　ローター回転が**低下**し、機体が**不安定**になるおそれがあることから、やむを得ない場合を除き、**垂直方向の急上昇**は避けること（教則5.2.1（2）2）離陸方法）。

## 問題 40　正答 c　

a．〇　手動操縦の場合、操縦者の習熟度によって飛行高度の微調整や回転半径や航行速度の調整、遠隔地での高精度な着陸など**細かな操作**が行える（教則5.2.2「手動操縦及び自動操縦」（1）手動操縦・自動操縦の特徴とメリット 2）手動操縦の特徴とメリット）。

b．〇　安定した飛行に使われている GNSS 受信機や電子コンパス、気圧センサなどが何らかの原因により**機能不全**に陥ったときには**手動操縦**による**危険回避**が求められる（教則5.2.2（1）2））。

c．✗　手動操縦は、定められた航路を高精度に飛行をするなど、高い再現性を求められる操縦には**不向き**である（教則5.2.2（1）2））。

## 問題 41 　正答 b

a．✕　運航者は、事故発生時においては、**直ちに**無人航空機の飛行を**中止**する（航空法 132 条の 90 第 1 項）。

b．〇　運航者は、**負傷者**がいる場合には、第一に**危険を防止**するための必要な措置を講じ、次に当該事故が発生した**日時及び場所**等の必要事項を**国土交通大臣**に報告しなければならない（同法 132 条の 90 第 1、2 項）。

c．✕　前夜に飲酒した場合でも、翌日の操縦時までアルコールの影響を受けている可能性が**ある**ことに注意が必要であり、**アルコール検知器**を活用することも有用である（教則 5.3.2「アルコール又は薬物に関する規定」）。

## 問題 42 　正答 c

a．〇　飛行経路を考慮し、周辺及び上方に障害物がない**水平**な場所を離着陸場所と設定する（教則 6.1.1「安全に配慮した飛行」（1）安全確保のための基礎 1）安全マージン）。

b．〇　緊急時などに**一時的**な着陸が可能なスペースを、前もって確認・確保しておく（教則 6.1.1（1）1））。

c．✕　飛行領域に危険半径（高度と同じ数値又は **30 m**のいずれか長い方）を加えた範囲を、立入管理措置を講じて無人地帯とした後、飛行する（教則 6.1.1（1）1））。

## 問題 43 　正答 a

a．〇　**飛行経路**は、無人航空機が飛行する高度と経路において、障害となる**建物**や鳥などの妨害から**避けられる**よう設定する（教則 6.1.3「経路設定」（1）飛行経路の安全な設定）。

b．✕　障害物付近を飛行せざるを得ない経路を設定する際は、機体の性能に応じて、**安全**な距離を保つように心がける（教則 6.1.3（1））。

c．✕　操縦者の目視が限界域付近となる飛行では、付近の障害物との距離差が

第4回

曖昧になりやすいため、事前に飛行経路付近の障害物との距離を**現地**で確認し、必要と判断した場合は補助者を配置することが望ましい（教則6.1.3（1））。

## 問題44　正答 c

**実況天気図**や**予報天気図**は、安全な飛行を行うために確認すべき気象の情報源である。よって、誤っているものは c である（教則6.2.1「気象の重要性及び情報源」（2）安全な飛行を行うために確認すべき気象の情報源）。

## 問題45　正答 a

a．○　周囲よりも相対的に気圧が低いところを**低圧部**といい、その中で閉じた等圧線で囲まれたところを**低気圧**という（教則6.2.1「気象の重要性及び情報源」（3）天気図の見方 7）低気圧）。

b．×　北半球では**反時計**回りに低気圧の中心に向かって周囲から風が吹き込む（教則6.2.1（3）7））。

c．×　**低気圧**の中心部では**上昇**気流が起こり、雲が発生し一般的に天気は悪い（教則6.2.1（3）7））。

## 問題46　正答 a

a．×　雲には**10種雲形**と呼ばれる10種類の雲の形がある（教則6.2.2「気象の影響」（1）安全な飛行のために知っておくべき気象現象 1）雲と降水）。

b．○　**上層雲**として巻雲・巻層雲・巻積雲が、**中層雲**として高層雲・乱層雲・高積雲が、**低層雲と下層**から発達する雲として積雲・積乱雲・層積雲・層雲がある（教則6.2.2（1）1））。

c．○　層雲系の雲では**連続的**な降水が、**積雲系**であれば**断続的**で**しゅう雨性**の降水を伴う傾向がある（教則6.2.2（1）1））。

※次ページの図も参照。

●雲の種類

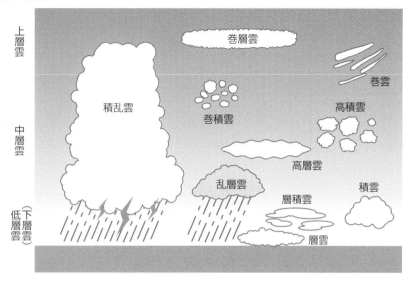

上層雲 / 中層雲 / 低層雲（下層雲）

巻層雲
巻雲
積乱雲
巻積雲
高積雲
高層雲
積雲
乱層雲
層積雲
層雲

## 問題47　正答 c

a．✕　地表付近において、日中は、暖まりやすい**陸上**に向かって風が吹き、夜間は、冷めにくい**海上**に向かって風が吹く。これが海陸風の仕組みである（教則6.2.2「気象の影響」（1）安全な飛行のために知っておくべき気象現象 2）風 e. 海陸風）。

b．✕　昼間は、日射で暖められた空気が谷を這い上がる**谷風**が吹き、**夜間**は冷えた空気が山から降りる**山風**が吹く。これが山谷風の仕組みである（教則6.2.2（1）2）f. 山谷風）。

c．○　**ビル風**は、高層ビルや容積の大きい建物などが数多く近接している場所及び周辺に発生する風で、**強さ**や**建物周辺**に流れる風の特徴により分類される（教則6.2.2（1）2）h. ビル風）。

第4回

81

a. ✕　航空機は、回転翼航空機と違いホバリング（空中停止）はできない（教則 6.3.1「飛行機」(1) 飛行機の運航の特徴）。

b. ◯　**航空機**が**上空待機**を行う場合は、サークルを描くように**旋回飛行**を行う（教則 6.3.1 (1)）。

c. ◯　**航空機**の着陸は失速しない程度に速度を**下げて**行うため、高度な**エレベーター**操作が必要となる（教則 6.3.1 (1)）。

a. ✕　大型機の場合、緊急着陸地点の選定は小型機よりも**広い**範囲が要求される（教則 6.3.4「大型機（最大離陸重量 25kg 以上）」(1) 大型機（最大離陸重量 25kg 以上）の運航の特徴）。

b. ◯　**大型機**の場合、一般に**小型**の機体よりも**騒音**が**大きく**なるため、**飛行経路周囲**への配慮が必要である（教則 6.3.4 (1)）。

c. ✕　夜間飛行は、機体の姿勢及び方向の視認、周囲の安全確認が昼間（日中）飛行と比較し**困難**となる（教則 6.4.1「夜間飛行」(1) 夜間飛行の運航）。

a. ◯　**地上**において、機体の**針路**、**姿勢**、**高度**、**速度**及び周辺の**気象状況**等を把握できること（教則 6.4.2「目視外飛行」(1) 目視外飛行の運航 2) 補助者を配置しない場合）。

b. ◯　**地上**において、計画上の**飛行経路**と飛行中の機体の**位置**の**差**を把握できること（教則 6.4.2 (1) 2)）。

c. ✕　想定される運用に基づき、十分な飛行実績を有する機体を使用すること。また、この実績は、機体の**初期故障期間**を超えていることが必要である（教則 6.4.2 (1) 2)）。

# 第５回　無人航空機操縦士　二等　学科試験
# 正答一覧

| 1回目 | 正答数 / 50 問 | 2回目 | 正答数 / 50 問 |
|---|---|---|---|

合格基準：正答率 80%（40 ～ 41 問）程度

| 問題 | 正答 | 問題 | 正答 | 問題 | 正答 |
|---|---|---|---|---|---|
| 問題 1 | b | 問題 21 | b | 問題 41 | c |
| 問題 2 | a | 問題 22 | a | 問題 42 | c |
| 問題 3 | b | 問題 23 | c | 問題 43 | b |
| 問題 4 | b | 問題 24 | b | 問題 44 | a |
| 問題 5 | c | 問題 25 | c | 問題 45 | a |
| 問題 6 | c | 問題 26 | c | 問題 46 | b |
| 問題 7 | a | 問題 27 | c | 問題 47 | a |
| 問題 8 | b | 問題 28 | a | 問題 48 | c |
| 問題 9 | a | 問題 29 | c | 問題 49 | b |
| 問題 10 | a | 問題 30 | b | 問題 50 | a |
| 問題 11 | a | 問題 31 | c | | |
| 問題 12 | b | 問題 32 | a | | |
| 問題 13 | b | 問題 33 | c | | |
| 問題 14 | c | 問題 34 | a | | |
| 問題 15 | b | 問題 35 | a | | |
| 問題 16 | a | 問題 36 | a | | |
| 問題 17 | c | 問題 37 | c | | |
| 問題 18 | a | 問題 38 | b | | |
| 問題 19 | c | 問題 39 | b | | |
| 問題 20 | a | 問題 40 | b | | |

注：本書の解答用紙は学習しやすいように準備したものであり、実際の試験は CBT（Computer Based Testing）方式により実施されるため、解答は画面上で行います。

a．✕　計画の中止や帰還させる勇気を持つことが大事である。また、危険な状況を乗り切ることよりも、危険を事前に回避する**ことの方**が重要である（教則2.1.5「無理をしない」）。

b．〇　操縦者は、飛行を開始してから終了するまで、全てに責任を問われる。操縦者の最も基本的な責任は、飛行を安全に成し遂げることにある。したがって、飛行の全体にわたって**安全を確保**するための対策を実施する必要があり、その責任は**操縦者**が負っていることを自覚する（教則2.1.6「社会に対する操縦者の責任」）。

c．✕　第三者及び関係者に対する操縦者の責任として、第三者や関係者が**危険**を感じるような操縦を**しない**、第三者が容易に**近付く**ことの**ない**ような**飛行経路**を選択するなど、常に**第三者**及び**関係者**の**安全**を意識する（教則2.1.7「第三者及び関係者に対する操縦者の責任」）。

a．✕　飛行前に、最新の気象情報（天気、風向、警報、注意報等）を収集**する**（教則2.2.3「気象情報の収集」）。

b．〇　地域によっては、地方公共団体により無人航空機の飛行を制限する**条例**や**規則**が設けられていたり、**立入禁止区域**が設定されていたりする場合があることから、**飛行予定地域**の情報を収集する（教則2.2.4「地域情報の収集」）。

c．〇　飛行の際には、**携帯電話**（通話可能範囲を確認しておく）等により**関係機関**（空港事務所等）と常に連絡がとれる体制を確保する（教則2.2.5「連絡体制の確保」）。

a．✕　無人航空機の事故のうち、十分に監視をしていなかったことが原因となる事故が**多発**している（教則2.2.9「飛行中の注意」（2）監視の実施）。

b．〇　無人航空機の飛行する空域や場所には、**他の航空機**をはじめ、ビルや家屋といった**建物**や自動車、電柱、高圧線、樹木などの飛行の**支障**となるものが数多く存在する（教則2.2.9（2））。

c．✕　衝突防止装置を搭載する機体もあるが、衝突防止装置を**過信せず**、鳥等にも注意を**要する**（教則2.2.9（2））。

## 問題4　正答 b

a．✕　無人航空機の保険は、車の自動車損害賠償責任保険（自賠責）のような**強制**保険はなく、すべて**任意**保険である（教則2.3.3「保険」）。

b．〇　万一の場合の金銭的負担が大きいので、**任意**保険には**加入**しておくとよい（教則2.3.3）。

c．✕　無人航空機の保険には、**機体**に対する保険、**賠償責任**保険などいろいろな種類や組合せがあるので自機の**使用実態**に即した保険に加入することが推奨される（教則2.3.3）。

## 問題5　正答 c

航空法における無人航空機の重量とは、100g **以上**のものを指す。また、無人航空機本体の重量及びバッテリーの重量の合計を指しており、バッテリー以外の取り外し可能な付属品の重量は含まない。よって、正しいものは c である（教則3.1.1「航空法に関する一般知識」（1）航空法における無人航空機の定義）。

## 問題6　正答 c

無人航空機の飛行において確保すべき安全は、**航空機**の航行の安全、**地上又は水上**の人又は物件の安全である（航空法132条の85第4項）。また、規制対象となる飛行の空域の一つに、**空港**等の周辺の**上空**の空域がある。よって、正しいものは c である（航空法施行規則236条の71第1項1号）。

a. ✕　カテゴリーⅡ飛行のうち、特に、空港周辺、高度 150 m以上、催し場所上空、危険物輸送及び物件投下並びに最大離陸重量 25kg 以上の無人航空機の飛行は、リスクの高いものとして、「カテゴリーⅡ A 飛行」といい、その他のカテゴリーⅡ飛行を「カテゴリーⅡ B 飛行」という（教則 3.1.1「航空法に関する一般知識」(2) 無人航空機の飛行に関する規制概要 3) 無人航空機の飛行形態の分類（カテゴリーⅠ～Ⅲ））。

b. ◯　特定飛行のうち立入管理措置を講じないで行うもの、すなわち第三者上空における特定飛行を「カテゴリーⅢ飛行」という（教則 3.1.1 (2) 3)）。

c. ◯　「カテゴリーⅢ飛行」は最もリスクの高い飛行となることから、その安全を確保するために最も厳格な手続き等が必要となる（教則 3.1.1 (2) 3)）。

a. ✕　航空機の航行安全は、人の生命や身体に直接かかわるものとして最大限優先すべきものである（教則 3.1.1「航空法に関する一般知識」(3) 航空機の運航ルール等 1) 無人航空機の操縦者が航空機の運航ルールを理解する必要性）。

b. ◯　航空機の速度や無人航空機の大きさから、航空機側から無人航空機の機体を視認し回避することが困難である（教則 3.1.1 (3) 1)）。

c. ✕　無人航空機は航空機と比較して、一般的に機動性が高いと考えられている（教則 3.1.1 (3) 1)）。

a. ✕　150 メートル以下での航空機の飛行は離着陸に引き続く場合が多いが、捜索又は救助を任務としている公的機関（警察・消防・防衛・海上保安庁）等の航空機や緊急医療用ヘリコプター及び低空での飛行の許可を受けた航空機（物資輸送・送電線巡視・薬剤散布）等は離着陸にかかわらず 150 メートル

以下で飛行している場合がある（教則 3.1.1「航空法に関する一般知識」(3) 航空機の運航ルール等 3) 航空機の飛行高度）。

b. ◯　無人航空機の操縦者は、航空機と接近及び衝突を避けるため、無人航空機の飛行経路及びその周辺の空域を注意深く監視し、飛行中に航空機を確認した場合には、無人航空機を**地上に降下**させるなどの適切な措置を取らなければならない（教則 3.1.1 (3) 3)）。

c. ◯　航空機の操縦者は、航空機の航行中は、飛行方式にかかわらず、視界の悪い気象状態にある場合を除き、他の航空機その他の物件と衝突しないように**見張り**をすることが義務付けられている（教則 3.1.1 (3) 4) 航空機の操縦者による見張り義務）。

## 問題 10　正答 a
Check

東京・成田・中部・関西国際空港及び政令空港において設定することができる制限表面には**円錐**表面、**延長進入**表面、**外側水平**表面があるが、**円柱**表面はない。よって、誤っているものは a である（航空法 56 条 2、3、4 項）。

| 名称 | 内容 |
|---|---|
| **円錐**表面 | 大型化及び高速化により旋回半径が増大した航空機の空港周辺での旋回飛行等の安全を確保するために必要な表面 |
| **延長進入**表面 | 精密進入方式による航空機の最終直線進入の安全を確保するために必要な表面 |
| **外側水平**表面 | 航空機が最終直線進入を行うまでの経路の安全を確保するために必要な表面 |

## 問題 11　正答 a
Check

a. ✕　登録記号の文字は、最大離陸重量 25kg 以上の機体の場合、**25mm** 以上の高さとする必要がある（航空法施行規則 236 条の 6 第 1 項 1 号 (2)）。

b. ◯　登録記号の文字は、最大離陸重量 **25kg** 未満の機体の場合、**3mm** 以

第5回

上の高さとする必要がある（同法施行規則236条の6第1項1号（1））。

c．〇　所有者又は使用者の**氏名**や**住所**などに変更があった場合には、登録事項の**変更の届出**をしなければならない（航空法132条の8第1項）。

●登録番号の表示方法について

出典：国土交通省
　　　https://www.mlit.go.jp/koku/drone/assets/pdf/mlit_HB_web_2022.pdf

**問題12**　**正答b**　

　航空法に基づき原則として無人航空機の飛行が禁止されている「空港等の周辺の空域」は、空港やヘリポート等の周辺に設定されている**進入**表面、**転移**表面、若しくは**水平**表面又は**延長進入**表面、**円錐**表面若しくは**外側水平**表面の上空の空域である。よって、正しいものは**b**である（航空法施行規則236条の71第1項2号）。

**問題13**　**正答b**　

a．〇　無人航空機の操縦者は、**昼間**（日中。日出から日没までの間）における飛行が原則とされ、それ以外の飛行の方法（**夜間飛行**）は、航空法に基づく**規制**の対象となる（航空法132条の86第2項1号、同条3項等参照）。

b．✕　「昼間（日中）」とは、**国立天文台**が発表する**日の出**の時刻から**日の入り**の時刻までの間を指す（教則3.1.2「航空法に関する各論」（2）規制対象となる飛行の空域及び方法（特定飛行）の補足事項等2）規制対象となる飛行の方法a.日中における飛行）。

c. ◯　無人航空機の操縦者は、当該無人航空機及びその周囲の状況を**目視**により**常時監視**して飛行させることが原則とされ、それ以外の飛行の方法（**目視外飛行**）は、航空法に基づく**規制**の対象となる（航空法132条の86第2項2号、同条3項等参照）。

### 問題14　正答 c

「物件」として、**航空機**や**建設機械**が該当する。よって、誤っているものは c である（教則3.1.2「航空法に関する各論」（2）規制対象となる飛行の空域及び方法（特定飛行）の補足事項等 2）規制対象となる飛行の方法 c. 人又は物件との距離）。

### 問題15　正答 b

「物件」として、**変電所**や**鉄塔**が該当する。よって、誤っているものは b である（教則3.1.2「航空法に関する各論」（2）規制対象となる飛行の空域及び方法（特定飛行）の補足事項等 2）規制対象となる飛行の方法 c. 人又は物件との距離）。

### 問題16　正答 a

「多数の者の集合する催し」として、**展示会**や**プロスポーツの試合**が該当する。よって、誤っているものは a である（教則3.1.2「航空法に関する各論」（2）規制対象となる飛行の空域及び方法（特定飛行）の補足事項等 2）規制対象となる飛行の方法 d. 催し場所上空）。

### 問題17　正答 c

「危険物」として、**可燃性物質**が該当する。よって、正しいものは c である（教則3.1.2「航空法に関する各論」（2）規制対象となる飛行の空域及び方法（特定

飛行）の補足事項等 2）規制対象となる飛行の方法 e. 危険物の輸送）。

## 問題 18　正答 a

　無人航空機の飛行のため当該無人航空機で輸送する物件は、「危険物」の対象
とならない。「**危険物**」の対象と**ならない**ものとして、業務用機器（カメラ等）
に用いられる**電池**が該当する。よって、正しいものは a である（教則 3.1.2「航
空法に関する各論」（2）規制対象となる飛行の空域及び方法（特定飛行）の補
足事項等 2）規制対象となる飛行の方法 e. 危険物の輸送）。

## 問題 19　正答 c

a. ○　間接関与者とは、無人航空機を飛行させる者が、間接関与者について無
　　人航空機の飛行の目的の全部又は一部に**関与**していると**判断**している者をいう
　　（教則 3.1.2「航空法に関する各論」（2）規制対象となる飛行の空域及び方法
　　（特定飛行）の補足事項等 4）その他の補足事項等 a. 第三者の定義）。
b. ○　間接関与者とは、間接関与者が、無人航空機を飛行させる者から、無人
　　航空機が**計画外**の挙動を示した場合に従うべき明確な**指示**と安全上の**注意**を受
　　けている者をいう。なお、間接関与者は当該**指示**と安全上の**注意**に**従う**ことが
　　期待され、無人航空機を飛行させる者は、指示と安全上の注意が適切に**理解**さ
　　れていることを**確認**する必要がある（教則 3.1.2（2）4）a.）。
c. ✕　間接関与者とは、間接関与者が、無人航空機の飛行目的の全部又は一部
　　に**関与**するかどうかを**自ら決定**することができる者をいう（教則 3.1.2（2）4）
　　a.）。

## 問題 20　正答 a

　飛行前の確認事項として、**推進系統**の作動状況や**電源系統**の作動状況が該当す
る。よって、誤っているものは a である（教則 3.1.2「航空法に関する各論」（3）
無人航空機の操縦者等の義務 1）無人航空機の操縦者が遵守する必要がある運航

ルール b. 飛行前の確認）。

　飛行前の確認事項として、飛行に必要な**気象情報**や**燃料**の搭載量が該当する。しかし、**水**の搭載量は該当しない。よって、誤っているものは **b** である（教則3.1.2「航空法に関する各論」（3）無人航空機の操縦者等の義務 1）無人航空機の操縦者が遵守する必要がある運航ルール b. 飛行前の確認）。

a．○　**人の死傷**に関しては**重傷**以上を対象とする（教則3.1.2「航空法に関する各論」（3）無人航空機の操縦者等の義務 1）無人航空機の操縦者が遵守する必要がある運航ルール f. 事故等の場合の措置 ア）事故の場合の措置）。

b．✕　物件の損壊に関しては第三者の所有物を対象とするが、その損傷の規模や損害額を問わず**全ての損傷**を対象とする（教則3.1.2（3）1）f. ア））。

c．✕　航空機との衝突又は接触については、航空機又は無人航空機の**いずれか**又は**両方**に損傷が確認できるものを対象とする（教則3.1.2（3）1）f. ア））。

a．○　**機体認証**を受けた無人航空機を飛行させる者は、**使用条件等指定書**に記載された、使用の**条件**の範囲内で特定飛行しなければならない（教則3.1.2「航空法に関する各論」（3）無人航空機の操縦者等の義務 3）機体認証を受けた無人航空機を飛行させる者が遵守する必要がある運航ルール a. 使用の条件の遵守）。

b．○　**機体認証**を受けた無人航空機の使用者は、必要な**整備**をすることにより、当該無人航空機を**安全基準**に適合するように**維持**しなければならない（教則3.1.2（3）3）b. 必要な整備の義務）。

c．✕　機体認証を受けた無人航空機の使用者は、無人航空機の機体認証を行う

場合に設定される無人航空機**整備**手順書（機体メーカーの取扱説明書等）に従って整備をすることが義務付けられている。**着手**手順書ではなく、**整備**手順書である（教則3.1.2（3）3）b.）。

a．✕　16歳に満たない者は、技能証明の申請をすることができない（航空法132条の45第1号）。

b．〇　航空法の規定に基づき技能証明を**拒否**された日から**1年**以内の者又は技能証明を**保留**されている者（航空法等に違反する行為をした場合や無人航空機の飛行に当たり非行又は重大な過失があった場合に係るものに限る。）は、技能証明の申請をすることができない（同法132条の45第2号）。

c．✕　航空法の規定に基づき技能証明を取り消された日から**2年**以内の者又は技能証明の効力を停止されている者（航空法等に違反する行為をした場合や無人航空機の飛行に当たり非行又は重大な過失があった場合に係るものに限る。）は、技能証明の申請をすることができない（同法132条の45第3号）。

　小型無人機等飛行禁止法により**飛行禁止**の対象となる重要施設として、**自衛隊施設**等が規定されている。よって、正しいものは c である（小型無人機等飛行禁止法2条1項3号）。

a．〇　携帯電話等の移動通信システムは、**地上**での利用を前提に設計されていることから、その**上空**での利用については、通信品質の安定性や地上の携帯電話等の利用への**影響**が懸念されている（教則3.2.2「電波法」（4）携帯電話等を上空で利用する場合）。

b．〇　**電波法**その他の法令等又は地方公共団体が定める**条例**に基づき、無人航

空機の利用方法が**制限**されたり、都市公園や施設の上空など特定の場所におい
て、無人航空機の飛行が**制限**されたりする場合がある（教則 3.2.3「その他の
法令等」）。

c．✕　法令等に基づく規制ではないが、警備上の観点等から警察などの関係省
庁等の要請に基づき、**国土交通省**が無人航空機の飛行自粛を要請することがあ
る（教則 3.2.4「飛行自粛要請空域」）。

## 問題 27　正答 c

a．✕　回転翼航空機（ヘリコプター）は、垂直離着陸、ホバリング、低速飛行
が可能であるが、これには大きなエネルギー消費がともない、風の影響を**受け
やすい**（教則 4.1.3「回転翼航空機（ヘリコプター）」(1) 機体の特徴）。

b．✕　同じ回転翼航空機であるヘリコプター型とマルチローター型で比べる
と、ヘリコプター型は 1 組のローターで揚力を発生させるため、回転翼航空機
（マルチローター）に比べローターの直径が**大きく**、空力的に効率良く揚力を
得る事が出来る（教則 4.1.3 (1)）。

c．〇　回転翼航空機（ヘリコプター）の最大離陸重量 **25kg** 以上の大型機で
は慣性力が**大きく**操舵時の機体挙動が**遅れ気味**になるため、特に定点で位置を
維持する**ホバリング**では**早め**に操舵することが必要となる（教則 4.1.3 (2)
大型機（最大離陸重量 25kg 以上）の特徴）。

## 問題 28　正答 a

a．✕　無人航空機を日没から日出までの間に飛行させる場合は**承認**が必要であ
る（教則 4.2.1「夜間飛行」(1) 夜間飛行と昼間（日中）飛行の違い）。

b．〇　夜間飛行では機体の姿勢や進行方向が視認できないため、**灯火を搭載し
た機体**が必要であり、さらに操縦者の手元で位置、高度、速度等の情報が把握
できる**送信機**を使用することが望ましい（教則 4.2.1 (1)）。

c．〇　夜間飛行では地形や人工物等の障害物も視認できないため、離着陸地点
や計画的に用意する緊急着陸地点、飛行経路中の回避すべき障害物も視認でき

るように**地上照明**を当てる（教則 4.2.1（1））。

a. ○ ペイロードの最大積載量とペイロード搭載時の飛行性能は**飛行高度**、**大気状態**によっても異なり、また飛行機の場合は離着陸エリアの**広さ**によっても異なる（教則 4.3.4「無人航空機へのペイロード搭載」）。

b. ○ 機体重量が変化すると航空機の**飛行特性**（安定性、飛行性能、運動性能）は変化するため注意が必要である（教則 4.3.4）。

c. ✕ 機体の**重心位置**の変化は飛行特性に大きな影響を及ぼすため、ペイロードの有無によって機体の**重心位置**が著しく変化しないようにしなければならない（教則 4.3.4）。

a. ✕ **スロットル**は、モード1で**右側スティックの上下操作**、モード 2 で**左側スティックの上下操作**を行う（教則 4.4.3「送信機」（3）送信機の操縦と機能）。

b. ○ **エレベーター**は、モード1で**左側スティックの上下操作**、モード2で**右側スティックの上下操作**を行う（教則 4.4.3（3））。

c. ✕ **エルロン**は、モード 1 およびモード2で、**右側スティックの左右操作**を行う（教則 4.4.3（3））。

●回転翼航空機のスティック操作

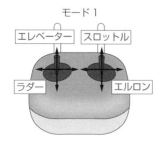
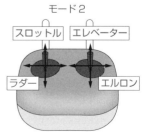

## 問題 31　正答 c

a．〇　無人航空機で物件投下する機器には、**救命機器**等を機体から落下させる
装置や**農薬散布**のために液体や粒剤を散布する装置などがある（教則 4.4.5
「物件投下のために装備される機器」）。

b．〇　物件投下用の**ウインチ機構**で吊り下げる場合は、物件の**揺れ**、投下前後
の**重心**の変化に注意しなければならない（教則 4.4.5）。

c．✕　農薬散布する装置の多くは、それぞれ決められた飛行速度、飛行高度な
どが定められて**いる**（教則 4.4.5）。

## 問題 32　正答 a

a．〇　**電波**は、2つの異なる**媒質間**を進行するとき、**反射や屈折**が起こる（教
則 4.5.1「電波」(1) 電波の特性 1) 直進、反射、屈折、回折、干渉、減衰）。

b．✕　常に反射の法則（入射角と反射角の大きさは等しい）が**成り立つ**（教則
4.5.1 (1) 1)）。

c．✕　電波は、2つ以上の波が重なると、強め合ったり、弱め合ったりする（教
則 4.5.1 (1) 1)）。

## 問題 33　正答 c

a．✕　地磁気センサは正常な方位を計測しない場合があるが、それは磁力線が
示す北（磁北）と地図の北に**偏角**が生じるためである（教則 4.5.2「磁気方位」
(1) 地磁気センサの役割）。

b．✕　地磁気の検出には、鉄や電流が影響を**与える**（教則 4.5.2 (2) 飛行環
境において磁気に注意すべき構造物や環境）。

c．〇　**磁気キャリブレーション**が正しく行われていないと、機体が操縦者の意
図しない方向へ飛行する可能性がある。なお、無人航空機の「磁気キャリブレ
ーション」とは、飛行前にその場所の地磁気を検出して方位を取得し、GNSS
機能やメインコントローラーに認識させることである（教則 4.5.2 (3) 無人

第5回

95

航空機の磁気キャリブレーション）。

## 問題 34　正答 a

a．✕　GPS（Global Positioning System）は、**アメリカ**国防総省が、航空機等の航法支援用として開発したシステムである（教則 4.5.3「GNSS」(1) GNSS）。

b．○　**GPS** に加え、ロシアの **GLONASS**、欧州の **Galileo**、日本の準天頂衛星 **QZSS** 等を総称して **GNSS**（Global Navigation Satellite System/全球測位衛星システム）という（教則 4.5.3 (1)）。

c．○　教則によると、**GPS** 測位での受信機 1 台の単独測位の精度は**数十** m の精度である（教則 4.5.3 (2) GNSS と RTK の精度）。

## 問題 35　正答 a

a．○　**航空法**においては、**無人航空機**を安全に飛行させるため、**操縦者**に対して様々な**義務**を課している（教則 5.1.1「操縦者の義務」(1) 操縦者の義務の概要）。

b．✕　安全に運航するために点検プロセスを定め、そのプロセスごとに点検項目を設定**する**こと（教則 5.1.2「運航時の点検及び確認事項」(1) 安全運航のためのプロセスと点検項目）。

c．✕　点検プロセスは**機体メーカー**の指示する内容に従って実施すること（教則 5.1.2 (1)）。

## 問題 36　正答 a

a．✕　運航当日の準備では、必要な装置や設備の設置を行い、飛行に必要な許可・承認や機体登録等の有効期間が切れていないかを確認する（教則 5.1.2「運航時の点検及び確認事項」(1) 安全運航のためのプロセスと点検項目 1) 運航当日の準備）。

b. ○ 飛行前の点検では**バッテリー**のチェックや**機体**の異常チェックなど、無人航空機が**正常**に飛行できることを最終確認する（教則5.1.2（1）2）飛行前の点検）。

c. ○ **飛行中**の点検では、**飛行中**の**機体**の状態チェックや、**飛行**している機体の**周囲**の状況を確認する（教則5.1.2（1）3）飛行中の点検）。

---

**問題 37** **正答 c**

**飛行前**の準備として行う立入管理措置・安全確保措置の項目には、**飛行マニュアル**の作成、**第三者**の立入りの管理、**緊急**時の措置がある。**通常**時ではなく**緊急**時が正しい。よって、誤っているものは c である（教則5.1.2「運航時の点検及び確認事項」（2）運航者がプロセスごとに行うべき点検）。

---

**問題 38** **正答 b**

**飛行後**の点検項目には、**機体**にゴミ等の付着はないか、**各機器**は確実に**取り付けられているか**、冷却ではなく、**各機器**の異常な**発熱**はないかなどがある。よって、正しいものは b である（教則5.1.2「運航時の点検及び確認事項」（2）運航者がプロセスごとに行うべき点検）。

---

**問題 39** **正答 b**

a. ✕ 無人航空機のセキュリティ対策として、例えば当該無人航空機及びその遠隔操縦のための機器を適切に**管理**することで、**盗難等**を防止することが望ましい（教則5.1.4「保険及びセキュリティ」（2）無人航空機に係るセキュリティ確保）。

b. ○ 無人航空機には**プログラム**に基づき自動又は自律で飛行するものも多くあり、そのようなものは、**プログラム**を不正に書き換えられる等により、当該無人航空機が奪取されたり操縦者の意図に反して悪用されたりする可能性がある（教則5.1.4（2））。

c．✕　航空法に基づく**機体認証・型式認証**に係る安全基準は、無人航空機に係るサイバーセキュリティの観点からの**適合性**が証明されることも求めている（教則5.1.4（2））。

## 問題40　正答 b

a．〇　地面に近づくにつれ、降下速度を**遅くし**、着陸による衝撃を**抑える**。なお、衝撃が大きい場合、脚部が変形又は破損するおそれがある（教則5.2.1「離着陸時の操作」（2）離着陸時に特に注意すべき事項（回転翼航空機（ヘリコプター））3）着陸方法）。

b．✕　地面効果範囲内のホバリングは**避け**、**速やか**に着陸させること（教則5.2.1（2）3））。

c．〇　接地後、ローターが**停止**するまで、機体に**近づかない**こと（教則5.2.1（2）3））。

## 問題41　正答 c

a．✕　自動操縦の場合、飛行を制御するアプリケーションソフトに搭載されている地図情報に、予め**複数**の飛行時のウェイポイント（経過点）を設定し飛行経路を作成する（教則5.2.2「手動操縦及び自動操縦」（1）手動操縦・自動操縦の特徴とメリット3）自動操縦の特徴とメリット）。

b．✕　ウェイポイントは地図上の位置情報の設定だけでなく、機体の向きや高度、速度など**詳細な設定**が可能である（教則5.2.2（1）3））。

c．〇　**自動**操縦は、手動操縦に比較して、**再現性**の高い飛行を行うことができるため、経過観察が必要とされる用地や、離島への輸送、生育状況を把握する耕作地などの飛行に利用されている（教則5.2.2（1）3））。

a.　○　操縦者は**疲労**を感じても飛行を継続してしまう傾向にあるため、適切に**飛行時間**を管理する必要がある（教則 5.3.1「操縦者のパフォーマンスの低下」）。

b.　○　操縦者が高い**ストレス**を抱えている状態は安全な飛行を妨げる要因となるため、操縦者との適切な**コミュニケーション**を運航の計画に組み込む等**ストレス軽減**を図る必要がある（教則 5.3.1）。

c.　✕　事故等の防止のためには、操縦技量（テクニカルスキル）の向上は有効な対策だが、これだけでは人間の特性や能力の限界（ヒューマンファクター）の観点から**ヒューマンエラーを完全になくすことはできない**（教則 5.4.1「CRM (Crew Resource Management)」）。

a.　✕　飛行の逸脱を防止するためには、**ジオフェンス**機能を使用することにより、飛行禁止空域を設定すること（教則 6.1.1「安全に配慮した飛行」（1）安全確保のための基礎 2）飛行の逸脱防止）。

b.　○　飛行の逸脱を防止するためには、衝突防止機能として無人航空機に取り付けた**センサ**を用いて、周囲の障害物を認識・回避する（教則 6.1.1（1）2））。

c.　✕　安全を確保するための運航体制として、操縦と安全管理の役割を分割させる目的で操縦者に加えて、安全管理者（運航管理者）を配置することが**望ましい**（教則 6.1.1（1）3）安全を確保するための運航体制）。

第5回

## 問題 44　正答 a

●無人航空機の運航におけるハザードとリスク

| ハザード | ・事故等につながる可能性のある危険要素（潜在的なものを**含む**） |
|---|---|
| リスク | ・無人航空機の**運航の安全**に影響を与える何らかの**事象**が発生する可能性<br>・発生事象の**リスク**は、予測される**頻度**（被害の発生確率）と結果の**重大性**（被害の大きさ）により計量する |

　よって、誤っているものは a である（教則 6.1.4「無人航空機の運航における
ハザードとリスク」）。

## 問題 45　正答 a

a.　○　**天気図**には、各地で観測した天気、気圧、気温、風向、風力や高気圧、
低気圧、前線の位置及び**等圧線**などが描かれている（教則 6.2.1「気象の重要
性及び情報源」(3) 天気図の見方）。

b.　✕　実況天気図、予想天気図から気圧配置、前線の位置、移動速度などを**確
認する**（教則 6.2.1 (3)）。

c.　✕　等圧線の間隔から風の強弱を知ることができ、等圧線の間隔が狭いほど
風は**強まる**（教則 6.2.1 (3)）。

## 問題 46　正答 b

a.　○　冬の悪い天気の代表は「雪」と「風」である（教則 6.2.1「気象の重要
性及び情報源」(3) 天気図の見方 8) 冬の天気）。

b.　✕　シベリア**高気圧**が優勢になり冬の季節風の吹き出しが始まると、まず気
象衛星の雲写真に沿海州から日本海へ流れる帯状の雲が現れる（教則 6.2.1
(3) 8)）。

c．〇　冬型の天気の典型は**西高東低**といわれるもので、天気図では西側に**高気圧**、東側に**低気圧**という気圧配置で、**日本海側に雪をもたらす**（教則 6.2.1（3）8））。

●冬の天気図（イメージ図）

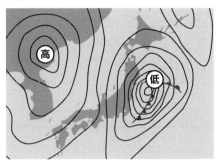

### 問題 47　正答 a

a．〇　**風**とは、空気の**水平方向**の流れをいい、**風向**と**風速**で表す（教則 6.2.2「気象の影響」（1）安全な飛行のために知っておくべき気象現象 2）風 a. 風と気圧）。

b．✕　空気は、気圧の**高い**ほうから**低い**ほうに向かうが、この流れが風である（教則 6.2.2（1）2）a.）。

c．✕　等圧線の間隔が狭いほど風は**強く**吹く（教則 6.2.2（1）2）a.）。

### 問題 48　正答 c

a．〇　**ダウンバースト**とは、**積乱雲**や**積雲**内に発生する強烈な**下降流**が地表にぶつかり、**水平方向**に**ドーナツ状**に渦を巻きながら**四方**に広がってゆく状態をいう（教則 6.2.2「気象の影響」（1）安全な飛行のために知っておくべき気象現象 2）風 i. ダウンバースト）。

b．〇　**マイクロバースト**と呼ばれるものは、直径が**4km** 程度以下の下降流で、範囲は**小さい**が下降流はダウンバーストより**強烈な**ものがある（教則 6.2.2（1）2）i.）。

c. ✗ マイクロバーストの発生時間は数分から10分程度のものが多く、通常の観測網では探知**されない**局地的なものである（教則6.2.2（1）2）i.）。

## 問題49　正答 b

a. ✗ 回転翼航空機（ヘリコプター）は、構造上プロペラガードが**ない**機体が一般的であるため、安全のためにプロペラガード付きの回転翼航空機（マルチローター）よりも**広い**離着陸エリアが必要である（教則6.3.2「回転翼航空機（ヘリコプター）」（1）回転翼航空機（ヘリコプター）の運航の特徴）。

b. 〇 回転翼航空機（ヘリコプター）の離着陸においては、機体と操縦者及び補助者の**必要隔離距離**を取扱説明書等で確認するとともに、**十分確保**すること（教則6.3.2（1））。

c. ✗ 機体高度が、およそメインローター半径**以下**になると、**地面効果**の影響が顕著になりやすいため、推力変化及びホバリング時の安定・挙動に注意が必要である（教則6.3.2（1））。

## 問題50　正答 a

a. ✗ 夜間飛行においては、原則として目視外飛行は実施**せず**、機体の向きを視認できる灯火が装備された**機体**を使用する（教則6.4.1「夜間飛行」（1）夜間飛行の運航）。

b. 〇 **夜間飛行**においては、**操縦者**は事前に**第三者**の立入りの**無い**安全な場所で、**訓練**を実施する（教則6.4.1（1））。

c. 〇 **夜間飛行**においては、**離着陸地点**を含め、回避すべき**障害物**などには、安全確保のため**照明**が必要である（教則6.4.1（1））。

# 解答用紙

| | |
|---|---|
| 問題 1 | |
| 問題 2 | |
| 問題 3 | |
| 問題 4 | |
| 問題 5 | |
| 問題 6 | |
| 問題 7 | |
| 問題 8 | |
| 問題 9 | |
| 問題 10 | |
| 問題 11 | |
| 問題 12 | |
| 問題 13 | |
| 問題 14 | |
| 問題 15 | |
| 問題 16 | |
| 問題 17 | |
| 問題 18 | |
| 問題 19 | |
| 問題 20 | |

| | |
|---|---|
| 問題 21 | |
| 問題 22 | |
| 問題 23 | |
| 問題 24 | |
| 問題 25 | |
| 問題 26 | |
| 問題 27 | |
| 問題 28 | |
| 問題 29 | |
| 問題 30 | |
| 問題 31 | |
| 問題 32 | |
| 問題 33 | |
| 問題 34 | |
| 問題 35 | |
| 問題 36 | |
| 問題 37 | |
| 問題 38 | |
| 問題 39 | |
| 問題 40 | |

| | |
|---|---|
| 問題 41 | |
| 問題 42 | |
| 問題 43 | |
| 問題 44 | |
| 問題 45 | |
| 問題 46 | |
| 問題 47 | |
| 問題 48 | |
| 問題 49 | |
| 問題 50 | |

注：本書の解答用紙は学習しやすいように準備したものであり、実際の試験は CBT（Computer Based Testing）方式により実施されるため、解答は画面上で行います。

※この用紙はコピーしてお使いください。

# 解答用紙

| | | | | | | |
|---|---|---|---|---|---|---|
| 問題 1 | | 問題 21 | | 問題 41 | |
| 問題 2 | | 問題 22 | | 問題 42 | |
| 問題 3 | | 問題 23 | | 問題 43 | |
| 問題 4 | | 問題 24 | | 問題 44 | |
| 問題 5 | | 問題 25 | | 問題 45 | |
| 問題 6 | | 問題 26 | | 問題 46 | |
| 問題 7 | | 問題 27 | | 問題 47 | |
| 問題 8 | | 問題 28 | | 問題 48 | |
| 問題 9 | | 問題 29 | | 問題 49 | |
| 問題 10 | | 問題 30 | | 問題 50 | |
| 問題 11 | | 問題 31 | | | |
| 問題 12 | | 問題 32 | | | |
| 問題 13 | | 問題 33 | | | |
| 問題 14 | | 問題 34 | | | |
| 問題 15 | | 問題 35 | | | |
| 問題 16 | | 問題 36 | | | |
| 問題 17 | | 問題 37 | | | |
| 問題 18 | | 問題 38 | | | |
| 問題 19 | | 問題 39 | | | |
| 問題 20 | | 問題 40 | | | |

注：本書の解答用紙は学習しやすいように準備したものであり、実際の試験は CBT（Computer Based Testing）方式により実施されるため、解答は画面上で行います。

※この用紙はコピーしてお使いください。